W0344873

Peter Lay

Selbstbauprojekte mit Leuchtdioden

Peter Lay

FRANZIS EXPERIMENTE

Selbstbauprojekte mit Leuchtdioden

50 praktische Anwendungen für Haus, Garten und Hobby

Mit 203 Abbildungen

FRANZIS

Bibliografische Information der Deutschen Bibliothek
Die Deutsche Bibliothek verzeichnet diese Publikation in der Deutschen Nationalbibliografie; detaillierte Daten sind im Internet über **http://dnb.ddb.de** abrufbar.

Satz: Fotosatz Pfeifer, 82166 Gräfelfing
art & design: www.ideehoch2.de
Druck: NOVATISK a.s. Letovice
Printed in Czech Republic

ISBN 978-3-7723-**4379-7**

Vorwort

Dieses Fachbuch bietet einen kurzen Überblick über die historische Entwicklung der LEDs und wichtige Grundlagen zum Umgang mit ihnen. Danach folgen einige Kapitel über verschiedene LED-Projekte. Sie sind nach Anwendungsgebieten gegliedert. Auch werden Denkansätze für eigene Kreationen geliefert. Ein ausführlicher Anhang mit Datenblättern und sonstigen Informationen über die Anwendung von LEDs runden das Buch ab.

Ziel des Buches ist es, Anregungen für die Anwendung von Leuchtdioden zu geben. Deshalb werden hier Ideen vorgestellt, die praxisorientiert sind und Sie motivieren, selbst aktiv zu werden.

Ich danke an dieser Stelle allen, die mir freundlicherweise Informationen, Daten und Bildmaterial für dieses Buch zur Verfügung gestellt haben: der Berufsgenossenschaft Elektro Textil Feinmechanik in 50968 Köln, dem VDE Verlag GmbH in 10625 Berlin, Conrad Electronic SE, Pusch GmbH & Co. KG, Pollin Electronic GmbH und allen anderen, die im Quellenverzeichnis erwähnt sind.

Für Anregungen und Verbesserungsvorschläge bin ich jederzeit dankbar.

Peter Lay, März 2009

Inhalt

1 Eine kurze Geschichte der LEDs

1907	Henry Joseph Round beobachtet Lichtemissionen bei manchen anorganischen Stoffen, sobald eine Spannung angelegt wird.
1921	Oleg Vladimirovich Losev entdeckt den Round-Effekt erneut.
1927 (und folgende Jahre)	Oleg Vladimirovich Losev vermutet, dass der Round-Effekt die Umkehrung des fotoelektrischen Effekts ist und untersucht ihn genauer.
1935	George Destreau entdeckt, dass auch Zinksulfid beim Anlegen einer Spannung leuchtet.
1951 (und folgende Jahre)	Zunächst weitere Experimente mit Zinksulfid, später Experimente mit III-V-Halbleitern.
1957 (und folgende Jahre)	Forschungen mit Galliumarsenid (GaAs) und Galliumphosphid (GaP)
1962 (und folgende Jahre)	Nick Holonyak gilt als Erfinder der Leuchtdioden (es gibt aber auch andere Meinungen). Erstmals kommen rote Leuchtdioden auf den Markt, später auch gelbe. Anwendungen: Signallämpchen, Ziffernanzeige in Taschenrechnern und Uhren.
1970 (und folgende Jahre)	Leuchtdioden auf der Basis von Galliumphosphid (GaP) und anderen Halbleitern. Es kommen grüne LEDs auf den Markt.
1988	Effiziente Erzeugung von kurzwelligem Licht (blau, UV) auf der Basis von Galliumnitrid (GaN) durch die japanische Forschergruppe von Akasaki. In den Jahren zuvor wurde mit dem wenig effizienten Siliziumkarbid für blaue LEDs experimentiert.

1992	Erste kommerzielle blaue LEDs auf der Basis von Galliumnitrid (GaN) durch die japanische Forschergruppe von Shuji Nakamura.
1993	Weiße LEDs und blaue Laser erscheinen auf dem Markt.
2004	LEDs als Tagfahrlicht in Kraftfahrzeugen.
2007 (November)	Weiße LEDs erreichen eine Lichtausbeute von 40 –110 lm/W. Zum Vergleich: Glühlampen 17 lm/W, Halogenlampen 30 lm/W und Leuchtstofflampen 60 bis 110 lm/W.
2008	LEDs als Hauptscheinwerfer in Kraftfahrzeugen als Sonderausstattung für Serienfahrzeuge.

2 Allgemeines über LEDs

Ein paar wesentliche Grundlagen zum Umgang mit LEDs betreffen …

- … die Dimensionierung der Schaltungen, speziell die Bestimmung des Vorwiderstands,
- … den Umgang mit Datenblättern, speziell von LEDs und
- … die Einhaltung von Sicherheitsbestimmungen.

Abb. 1 zeigt die Beschaltung eines (ohmschen) Widerstandes. Er liegt an einer Spannung U und es fließt ein Strom I.

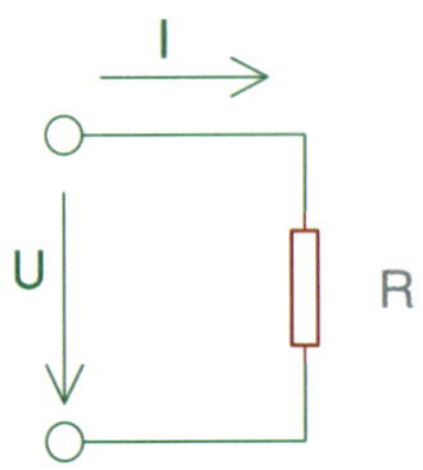

Abb. 1: Einfacher Schaltkreis mit einem Widerstand

Verändert man die Spannung in dieser Schaltung, ändert sich auch der Strom. Schon Ohm hat erkannt, dass sich beim Widerstand Strom und Spannung proportional zueinander verhalten. Trägt man die Spannungswerte und die zugehörigen Stromwerte in einem Diagramm ein, erhält man eine Gerade – genauer, eine *Ursprungsgerade*, da sie durch den Koordinatenursprung geht. Je kleiner der Widerstandswert ist, umso größer ist der Strom bei einer bestimmten Spannung. *Abb. 2* zeigt die Widerstandsgeraden von zwei unterschiedlich großen Widerständen.

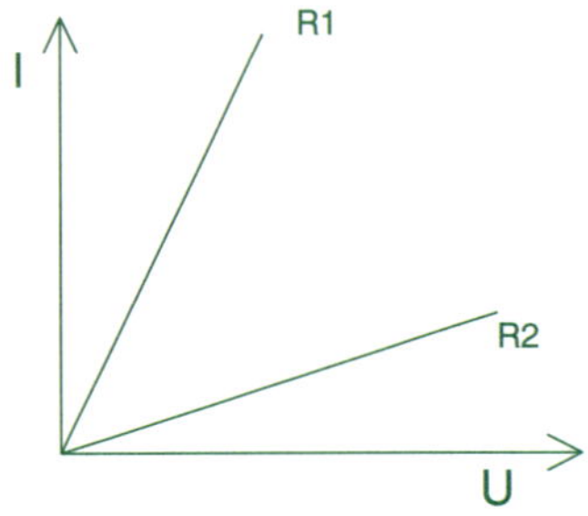

Abb. 2: Zwei Widerstandsgeraden im Diagramm I = f(U); R1 ist der kleinere Widerstand und R2 der größere.

Die Steigung der Geraden stellt den Leitwert dar. Je größer die Steigung, umso größer ist der Leitwert. Da der Widerstandswert als Kehrwert des Leitwerts (R = 1 / G) definiert ist, repräsentiert die Widerstandsgerade mit der größeren Steigung den kleineren Widerstand.

Bis hierher ist alles noch ganz einfach. Wie aber sieht es aus, wenn zwei Widerstände in Reihe geschaltet werden? Auch in diesem Fall betrachtet man erst einmal das Schaltbild. *Abb. 3* zeigt eine Reihenschaltung aus zwei Widerständen und die zugehörigen Spannungs- und Strompfeile. Die Betriebsspannung U_B teilt sich über den beiden Widerständen R1 und R2 auf. Hierbei gilt die einfache Formel $U_B = U_{R1} + U_{R2}$. Wie groß die einzelnen Teilspannungen U_{R1} und U_{R2} sind, hängt von der Größe der beiden Widerstände und der Betriebsspannung ab. Der Strom I ist bei der Reihenschaltung überall gleich groß und hängt von der Betriebsspannung und dem Gesamtwiderstand ab. Mathematisch sieht das dann so aus:

$$I = \frac{U_B}{R_1 + R_2}$$

$$U_{R1} = I \cdot R_1$$

$$U_{R2} = I \cdot R_2$$

Da die Spannungen sich wie die zugehörigen Widerstände verhalten, gilt außerdem noch:

$\frac{U_{R1}}{U_{R2}} = \frac{R_1}{R_2}$ und $\frac{U_{R1}}{U_B} = \frac{R_1}{R_1 + R_2}$. Aus letzter Gleichung folgt $U_{R1} = U_B \frac{R_1}{R_1 + R_2}$. Analog ergibt sich auch $U_{R2} = U_B \frac{R_2}{R_1 + R_2}$.

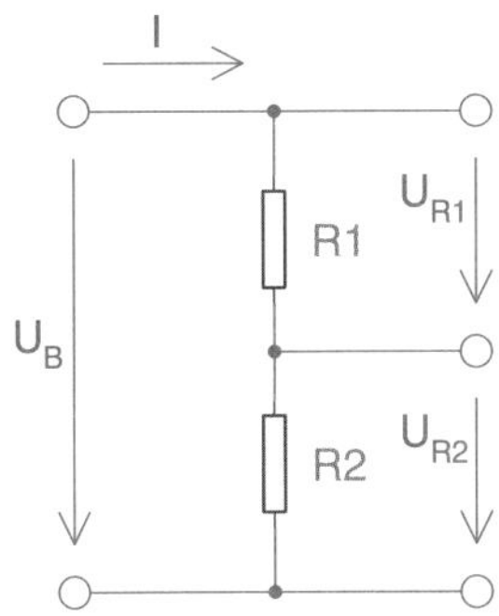

Abb. 3: Reihenschaltung von zwei Widerständen

Ein Beispiel veranschaulicht das Prinzip. Gegeben sei die Betriebsspannung $U_B = 8$ V, R1 = 20 Ω und R2 = 12,5 Ω. Gesucht sind die Teilspannungen an den Widerständen und der Strom durch die Reihenschaltung. Diese Werte in obige Formel eingesetzt ergibt:

$$U_{R2} = U_B \frac{R_2}{R_1 + R_2} = 8\,V \cdot \frac{12{,}5\,\Omega}{20\,\Omega + 12{,}5\,\Omega} = 3{,}08\,V$$

Die Formel $U_B = U_{R1} + U_{R2}$ kann man nach U_{R1} auflösen und erhält nach Einsetzen der entsprechenden Werte die Teilspannung am Widerstand R1:

$$U_{R1} = U_B - U_{R2} = 8\ V - 3{,}08\ V = 4{,}92\ V$$

Der Strom ergibt sich aus obiger Formel zu $I = \frac{U_B}{R_1 + R_2} = \frac{8\ V}{20\ \Omega + 12{,}5\ \Omega} = 246\ mA$.

Anstatt die beiden Teilspannungen algebraisch zu ermitteln, kann man auch grafisch vorgehen. Dazu verwendet man ein rechtwinkliges Koordinatensystem und bezeichnet die waagerechte Achse (Abszisse) mit der Spannung U und die senkrechte Achse (Ordinate) mit dem Strom I. Da die Widerstandskennlinien Geraden sind, genügt es, zwei Punkte von jeder Geraden zu kennen. Der Graph des Widerstands R1 wird als *Ursprungsgerade* gezeichnet, wobei der erste Punkt der Ursprung des Koordinatensystems ist (U = 0 V, I = 0 A). Den zweiten Punkt muss man berechnen, indem man den Strom durch diesen Widerstand für irgendeine Spannung (z. B. U = 8 V) bestimmt: $I = U / R_1 = 8\ V / 20\ \Omega = 400\ mA$. Der zweite Punkt der Widerstandsgeraden liegt somit in diesem Beispiel bei (8 V, 400 mA). Wenn man diesen Punkt mit dem Ursprung verbindet, erhält man die Widerstandsgerade für den Widerstand R1 (siehe *Abb. 4*). Solche Widerstandsgeraden haben eine positive Steigung.

Die zweite Widerstandsgerade für den Widerstand R2 wird nun nicht als Ursprungsgerade gezeichnet, sondern als Gerade mit negativer Steigung. Das mag kompliziert scheinen, ist aber ganz einfach, wenn man die *Abb. 4* zurate zieht. Auch für diese Widerstandsgerade braucht man wieder zwei Punkte. Der erste Punkt wird jetzt direkt auf der Spannungsachse an der Stelle der Betriebsspannung gewählt. Der zweite Punkt liegt direkt auf der Stromachse an der Stelle des Stroms, der sich ergäbe, wenn man den Widerstand R2 direkt mit der Betriebsspannung betreiben würde. Für diesen Strom erhält man im gegebenen Beispiel $I = U / R_2 = 8\ V / 12{,}5\ \Omega = 640\ mA$. Beide Punkte werden wieder miteinander verbunden, sodass man die Widerstandsgerade für den Widerstand R2 erhält.

In *Abb. 4* sieht man nun zwei Widerstandsgeraden, die sich kreuzen. Die Koordinaten des Kreuzungspunkts P bestimmen die Parameter der gesamten Reihenschaltung. Am Widerstand R1 fällt also eine Spannung von 4,9 V ab und es fließt ein Strom von 250 mA. Die zeichnerisch ermittelten Werte stimmen recht genau mit den algebraisch berechneten Werten überein. Würde man in der Zeichnung einen größeren Maßstab verwenden, ließe sich eine noch höhere Genauigkeit bei der grafischen Ermittlung erzielen. Aber selbst beim verwendeten Maßstab reicht die Genauigkeit für die Praxis in der Regel vollkommen aus.

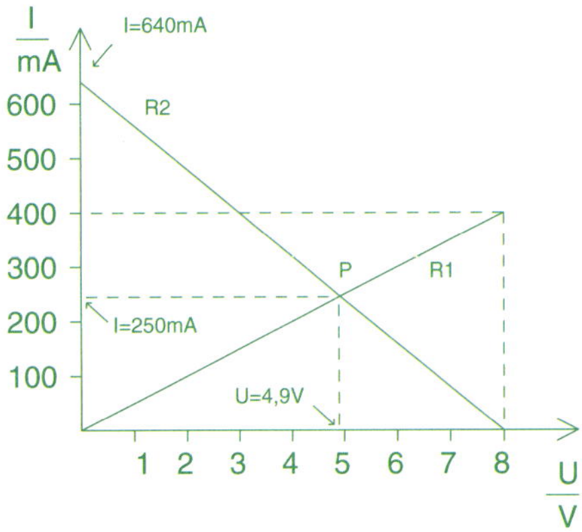

Abb. 4: Grafisches Lösungsverfahren der Reihenschaltung von zwei Widerständen.

Das mag auf den ersten Blick etwas ungewohnt und vielleicht auch kompliziert erscheinen. Für eine einfache Reihenschaltung von zwei ohmschen Widerständen wird man die Lösung meist rechnerisch bestimmen. Anders sieht es aus, wenn ein Widerstand nicht durch eine simple Gerade, sondern nur durch eine gekrümmte Kurve dargestellt werden kann. Da solche Kurven meist nur durch aufwendigere mathematische Formeln beschrieben werden können, ist es oft sinnvoll, mit grafischen Lösungsmethoden zu arbeiten oder die mathematischen Formeln praxisgerecht zu vereinfachen (sofern das möglich ist).

Doch zuvor geht es um den Betrieb von Leuchtdioden. Diese Bauteile werden auch mit *LED* abgekürzt, was für die englische Bezeichnung *Light Emitting Diode* (= Licht aussendende Diode) steht. *Abb. 5* zeigt eine Standard-LED mit ihren zwei Anschlüssen und ihrem Kunststoffgehäuse. Wie der Name schon sagt, ist die LED eine Diode, die den Strom nur in einer Richtung durchlässt und in entgegengesetzter Richtung sperrt. Deshalb muss man die Polarität beachten. *Abb. 6* zeigt das Schaltsymbol einer LED und die Anschlussbelegung einer gängigen Standard-LED. Der längere Anschluss ist die Anode (plus) und der kürzere Anschluss ist die Kathode (minus). Die Standard-LED hat außerdem noch eine abgeflachte Seite am Kunststoffgehäuse, die den Anschluss der Kathode markiert. Aber Vorsicht: Es gibt auch andere Bauformen. Deshalb sollte man immer erst im Datenblatt nachsehen.

Abb. 5: Standard-LED im 5-mm-Gehäuse

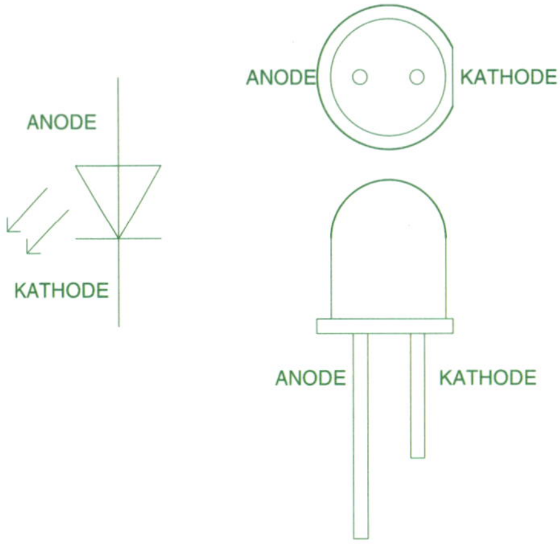

Abb. 6: Schaltsymbol und Anschlussbelegung einer Standard-LED

LEDs sind sehr empfindlich in der Handhabung. Es sind Halbleiterbauelemente, die nur innerhalb gewisser elektrischer Parameter funktionieren. Werden diese Parameter überschritten, kommt es meist zur Zerstörung der LEDs. Im Wesentlichen sind es die folgenden Größen, die hierbei zu berücksichtigen sind:

- Ist der Strom zu klein, leuchten die LEDs nicht oder nicht hell genug. Wird hingegen der Strom zu groß, werden sie zerstört. Da der Strom nicht exakt homogen über die Querschnittsfläche des Halbleiterkristalls verteilt ist, kann es zu örtlichen Überhitzungen kommen. Deshalb darf der maximale Strom (Durchlassstrom), der im Datenblatt angegeben ist, nicht überschritten werden.
- Da die Spannung die Ursache für den Strom ist, muss man darauf achten, dass auch die Durchlassspannung an der LED den Grenzwert nicht überschreitet.
- Beide Größen, Strom und Spannung, bestimmen die Leistung, die im Halbleiterkristall umgesetzt wird. Diese Leistung darf ebenfalls den im Datenblatt angegebenen Grenzwert nicht übersteigen. Die Leistung berechnet sich nach der Formel $P_{tot} = U \cdot I$, wobei U der Spannungsabfall an der LED und I der Strom ist.
- In Ausnahmefällen kann es vorkommen, dass eine LED in Sperrrichtung betrieben wird. Auch dann müssen entsprechende Grenzwerte (Sperrstrom und Sperrspannung), die im Datenblatt stehen, eingehalten werden.

Trägt man den Spannungsabfall an der LED und den dazugehörigen Strom in ein Koordinatensystem ein, fällt sofort auf, dass sie nicht linear voneinander abhängig sind. *Abb. 7* zeigt die Kennlinie einer LED. Nicht jeder Hersteller gibt Kennlinien im Datenblatt an. Unter Umständen muss man eine solche Kennlinie selbst aufnehmen. Wie das geht, wird später erklärt.

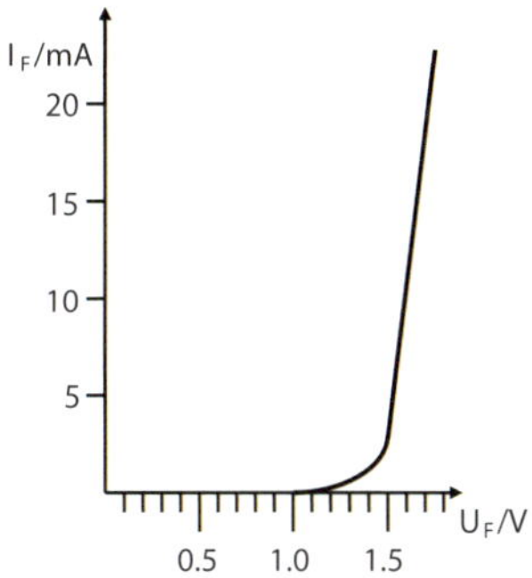

Abb. 7: Kennlinie einer LED

Um die Grenzwerte einer LED nicht zu überschreiten, muss man ihr einen passenden Vorwiderstand verpassen. Die Schaltung dazu ist in *Abb. 8* dargestellt. Der Vorwiderstand begrenzt zum einen den Strom und an ihm fällt auch noch die restliche Spannung ab (Betriebsspannung minus LED-Spannung). Man kann den Wert des Widerstands algebraisch oder grafisch bestimmen.

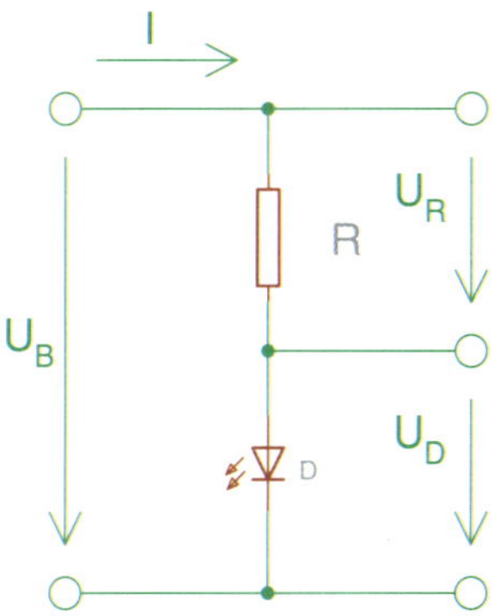

Abb. 8: Leuchtdiode mit Vorwiderstand als Praxisbeispiel

Um den Wert des Vorwiderstands grafisch zu ermitteln, nimmt man wieder ein Koordinatensystem zur Hand, in dem die Kennlinie der LED eingezeichnet ist (siehe *Abb. 9*). Die Spannungsachse des Koordinatensystems muss groß genug sein, sodass auch noch die Betriebsspannung dargestellt wird. Bevor man weitermachen kann, muss man zuerst den maximalen Strom aus dem Datenblatt entnehmen. Bei Standard-LEDs beträgt er, wie im hier gezeigten Beispiel, häufig 20 mA.

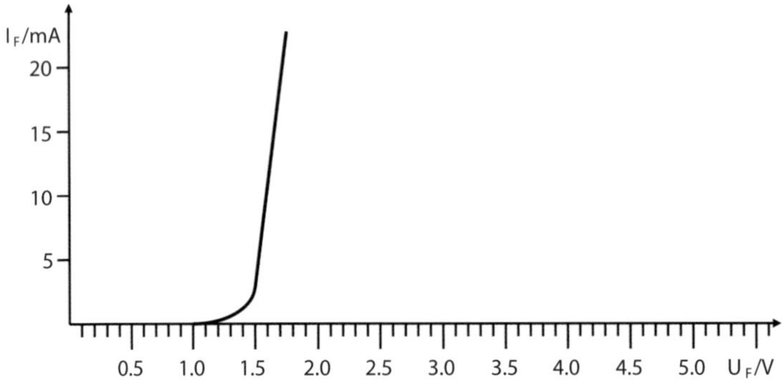

Abb. 9: Kennlinie der LED für das Praxisbeispiel

Da man elektronische Bauteile niemals bis zur Grenze belasten sollte, ist es ratsam, einen etwas kleineren Wert als Betriebsstrom zu nehmen. Es empfiehlt sich, Halbleiter nur zu maximal 75 % zu belasten (manche Elektroniker gehen näher an die Grenze heran, während andere vorsichtiger sind und noch kleinere Werte nehmen). Im hier gezeigten Fall sind das dann 15 mA. Dieser Betriebsstrom wird in das Diagramm eingezeichnet, wodurch der Arbeitspunkt für die LED festgelegt wird (siehe *Abb. 10*). Auf der Spannungsachse kann man dann auch den Spannungsabfall an der LED ablesen. Außerdem markiert man auf der Spannungsachse noch den Wert der Betriebsspannung; hier sind das 5 V.

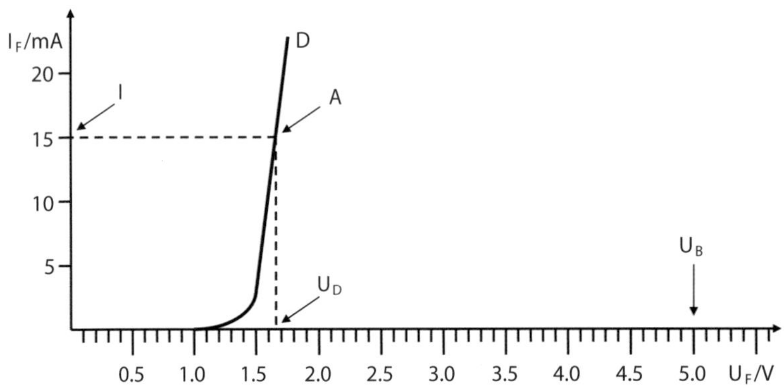

Abb. 10: Festlegung des Arbeitspunkts A und der Betriebsspannung für das Praxisbeispiel

Als Nächstes zeichnet man eine Gerade in das Diagramm ein (siehe *Abb. 11*). Die Gerade muss die Spannungsachse an der Stelle der Betriebsspannung U_B schneiden und durch den Arbeitspunkt A der Kennlinie gehen. Auch jetzt stellt diese Gerade einen Widerstand dar (vergleiche mit *Abb. 4*), und zwar den gesuchten Vorwiderstand R. Ein weiterer Schnittpunkt der Widerstandsgeraden entsteht an der Stromachse; im Praxisbeispiel bei ca. I_0 = 22,5 mA. Dieser Strom würde dann durch den Widerstand fließen, wenn er alleine (ohne LED) mit der Betriebsspannung von 5 V versorgt werden würde. Aus dem Diagramm kann man außerdem erkennen, wie sich die Spannung in der Reihenschaltung auf die LED (U_D = 1,65 V)und den Widerstand (U_R = 3,35 V) verteilt. Um den Widerstand zu ermitteln, muss man die Betriebsspannung U_B durch den Strom I_0 teilen: $R = \frac{U_B}{I_0} = \frac{5\,V}{22.5\,mA} = 222.2\,\Omega$.

Der nächstgelegene Normwert beträgt R = 220 Ω. Bevor man jetzt einen solchen Widerstand besorgt, muss man noch die Verlustleistung des Widerstands berechnen. Das geht ganz einfach mit der Formel $P_R = U_R \cdot I = 3.35\,V \cdot 15\,mA = 0.05\,W$. Es reicht also ein 1/10-Watt-Widerstand.

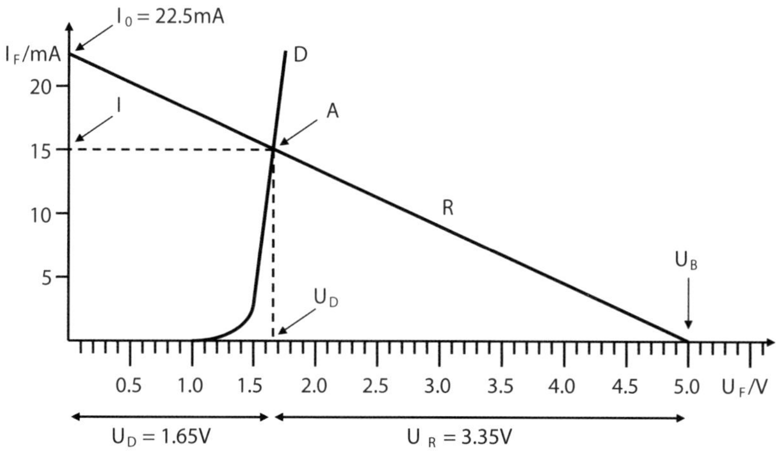

Abb. 11: Bestimmung des Vorwiderstands R für das Praxisbeispiel

Man kann den Vorwiderstand auch algebraisch ermitteln. Auch in diesem Fall sucht man im Datenblatt nach dem maximalen Strom (im Beispiel 20 mA). Wieder nimmt man nur ca. 75 % davon, also 15 mA. Dies ist der Strom, der durch die Reihenschaltung fließt. Den Spannungsabfall an der LED liest man am besten aus der Kennlinie im Datenblatt ab, sofern eine solche Kennlinie vorhanden ist. Alternativ kann man auch mit der im Datenblatt angegebenen Spannung (in Durchflussrichtung) weiterrechnen. Leider geben die Hersteller verschiedene Werte an:

- Manche geben nur einen durchschnittlichen Spannungswert an, z. B. bei Kurzangaben in Katalogen vom Versandhandel.
- Manchmal wird ein Spannungsintervall angegeben, in dem die LED gut funktioniert. In diesem Fall rechnet man am besten mit dem Mittelwert weiter.

Für rote Standard-LEDs ergibt sich meist ein Wert von ca. 1,6 V. Der Widerstand berechnet sich dann nach der einfachen Formel:

$$R = \frac{U_B - U_D}{I} = \frac{5\,V - 1.6\,V}{15\,mA} = 226.7\,\Omega$$

Wie man sieht, ist der Unterschied zur grafischen Lösung nur minimal. Auch jetzt würde man den nächstgelegenen Normwert von R = 220 Ω wählen. Für die Leistung des Widerstands ergibt sich wieder P_R = 1/10 W. In Tabellenbüchern gibt es noch weitere Formeln für die Berechnung von Vorwiderständen, die auch die Minimal- und Maximalwerte der LED-Spannung und des LED-Stroms sowie den Einfluss von Schwankungen der Betriebsspannung berücksichtigen. Hier handelt es sich aber eher um spezielle Fälle.

Folgend wird beschrieben, wie man eine Kennlinie von LEDs ohne großen Aufwand selbst aufnehmen kann. *Abb. 12* zeigt den dazu nötigen Schaltplan (Laboraufbau siehe *Abb. 13*). Die Reihenschaltung besteht aus einer Leuchtdiode D, einem Messwiderstand R2 und einem Poti R1. Mit dem Poti wird der Strom eingestellt. Für das Poti empfiehlt sich ein Mehrgangpoti oder ein Spindeltrimmer. Anstelle einer Strommessung wird hier eine Spannungsmessung am Messwiderstand durchgeführt. Da der Messwiderstand einen Wert von 1 Ω hat, entspricht der gemessene Spannungsabfall dem fließenden Strom gemäß der Formel $I = U_{R2} / R_2$. Deshalb muss der Messwiderstand auch eine Toleranz von 0,5 % aufweisen. An der LED wird zu jedem Stromwert der zugehörige Spannungswert gemessen. Es empfiehlt sich, bis 5 mA in 1-mA-Schritten und danach in 5-mA-Schritten zu messen. Vor Inbetriebnahme der Schaltung sollte das Poti auf Mittelstellung eingestellt werden. Die Messwerte werden in eine Tabelle eingetragen (siehe Tabelle 1) und anschließend in ein Diagramm übertragen (siehe *Abb. 14*). Wer einen Computermessplatz hat, kann die Kennlinie damit wesentlich komfortabler aufnehmen, wohingegen andere eher die altbewährten Methoden praktizieren.

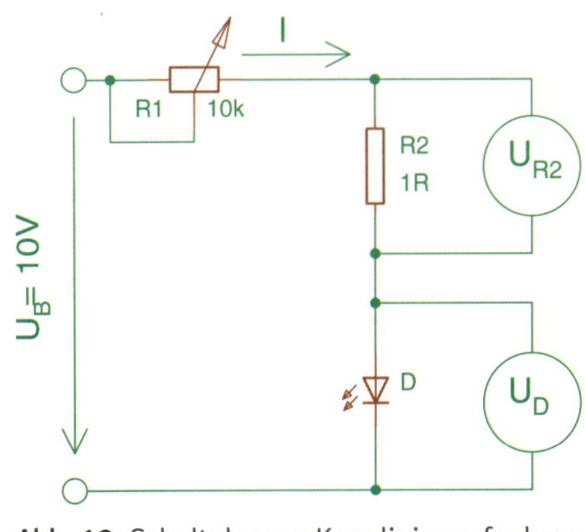

Abb. 12: Schaltplan zur Kennlinienaufnahme

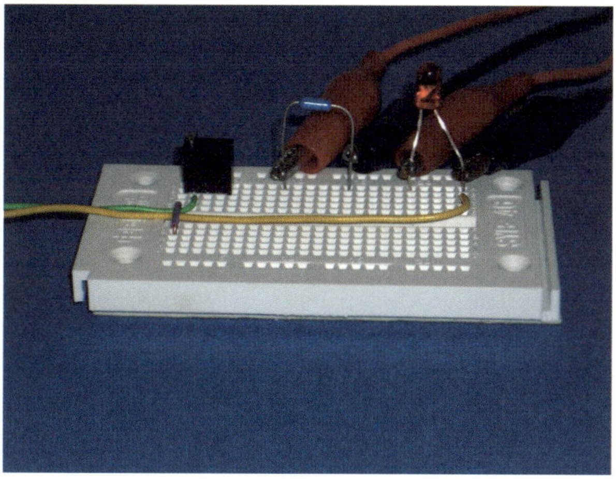

Abb. 13: Laboraufbau der Kennlinienaufnahme

Tabelle 1: Wertetabelle mit den Messwerten, die bei der Kennlinienaufnahme entstanden sind.

I_F/mA	1,0	2,0	3,0	4,0	5,0	10,0	15,0	20,0
U_F/V	1,38	1,48	1,50	1,51	1,53	1,58	1,66	1,70

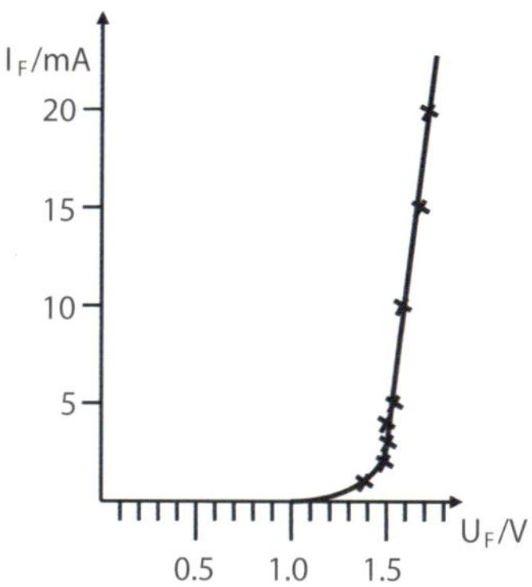

Abb. 14: Selbst aufgenommene Kennlinie in einem Diagramm

Wichtig ist die Arbeitssicherheit beim Umgang mit LEDs. Superhelle LEDs gibt es noch nicht lange, und sie stellen nur einen kleinen Teil des gesamten LED-Spektrums dar. Sie senden ein so starkes Licht aus, dass die Augen geschädigt werden können, wenn man direkt in den Strahl blickt. Oft weist der Händler darauf hin oder gibt einen entsprechenden Vermerk im Katalog an. Leider ist das aber nicht immer der Fall.

Es ist auch schwer, einen exakten Grenzwert für die Lichtstärke anzugeben, ab der eine Augenschädigung eintritt, zumal auch die Expositionsdauer eine große Rolle spielt. Man kann aber grundsätzlich davon ausgehen, dass es ab etwa 100 mCd gefährlich wird. Eine der schlimmsten Folgen von Augenschädigungen sind die Netzhautverbrennung und Netzhautablösung. Bei UV-LEDs können zudem noch Trübungen in der Hornhaut, der Augenlinse und dem Glaskörper auftreten.

Besonders gefährlich wird es bei Leuchtdioden, die im Ultraviolett- oder im Infrarotbereich emittieren, da ihr Licht für das menschliche Auge unsichtbar ist. Deshalb funktionieren dann auch die natürlichen Abwehrreaktionen (Lidschluss- und Pupillenreflex) nicht, die die Augen normalerweise vor Blendung schützen. Werden optische Instrumente (z. B. Glaslinsen) verwendet, um den Lichtstrahl zu bündeln, nehmen auch die Energiedichte und die Gefährlichkeit zu. Deshalb sollte man unbedingt darauf achten, nicht in den Strahl von LEDs zu schauen. Irreparable Augenschäden können die Folge sein.

Es ist derzeit nicht abzusehen, wie weit sich die Lichtstärke von LEDs noch erhöhen wird. Deshalb muss man auch davon ausgehen, dass früher oder später die Energiedichte so groß sein wird, dass Verbrennungen auf der Haut entstehen können – besonders dann, wenn optische Instrumente (z. B. Glaslinsen) zur Bündelung verwendet werden. Also gilt in diesem Fall zusätzlich: Vorsicht vor Hautverbrennungen!

Wie man sieht, sind für den sicheren Umgang mit den hellen LEDs besondere Verhaltensregeln erforderlich. Nützliche Informationsquellen sind dabei die Unfallverhütungsvorschrift *Laserstrahlung* (BGV B2/VBG93) der Berufsgenossenschaft (BG Elektro Textil Feinmechanik) und die VDE-Vorschrift *DIN EN 60825-1.*

Da Leuchtdioden ähnlich wie Halbleiterlaser aufgebaut sind, werden LEDs genauso wie Laserlichtquellen nach dem Grad der Augengefährdung klassifiziert. „Laser und LED (Licht emittierende Dioden) wurden schon bisher in Laserklassen 1, 2, 3A, 3B und 4 untergliedert, um deutlich zu machen, ob und unter welchen Bedingungen Gefährdungen bestehen. Die Klassifizierung ist in der Unfallverhütungsvorschrift 'Laserstrahlung' und in der DIN EN 60825-1 festgelegt.“ [Quelle: http://www.bgfe.de/aktuell/neue_laserklassen.html, vom 14.05.2008]

Bezugsquellen siehe Anhang 1 und Inhaltsverzeichnis der DIN EN 60825-1 siehe Anhang 2.

3 Nützliches für den Hausgebrauch

In diesem Kapitel werden LED-Projekte vorgestellt, die im Haushalt zur Dekoration Anwendung finden. Die meisten Gegenstände, die hier verwendet werden, findet man im Haushalt, Baumarkt oder Elektronikhandel.

3.1 Tassenuntersetzer mit LED

Herkömmliche Tassenuntersetzer bestehen meist aus Holz, Keramik oder Kunststoff; in Kneipen werden Bierdeckel aus Pappe verwendet. Wie wäre es mit einem selbstleuchtenden Tassenuntersetzer?

Unser Tassenuntersetzer soll LEDs enthalten, die in verschiedenen Farben leuchten, sobald eine Tasse darauf abgestellt wird. Im Haushalt finden sich die unterschiedlichsten Gegenstände, die man für das Gehäuse verwenden kann, z. B. ein Kunststoffdeckel einer Medikamentendose (siehe *Abb. 15*) oder eine Pappröhre von einer Rolle Klebeband (siehe *Abb. 16*).

Abb. 15: Der Deckel einer Dose ist für einen Tassenuntersetzer gut geeignet.

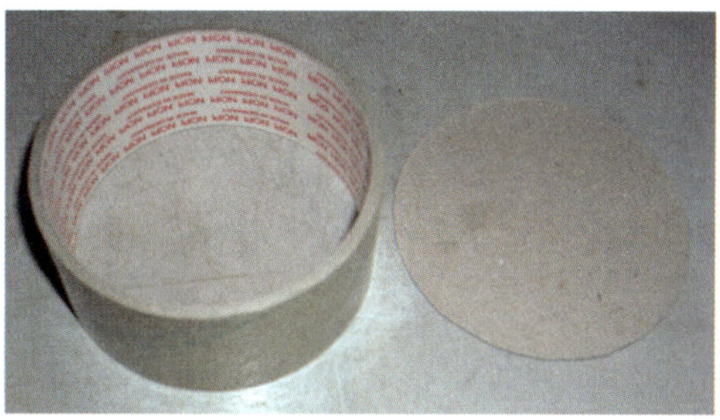

Abb. 16: Der Wickelkörper aus Pappe einer Rolle Krepppapier und ein Stück dicker Karton als Deckel für den Tassenuntersetzer.

Zunächst stellt sich die Frage, welcher Sensor verwendet werden soll. Die einfachste Lösung ist ein kleiner Mikroschalter, der zentral angeordnet wird. Wie der Schaltplan in *Abb. 17* zeigt, kommen bei diesem Projekt zwei rote, zwei grüne und zwei gelbe LEDs zum Einsatz. In diesem Fall genügen gewöhnliche Standard-LEDs. Damit es auch elektronisch wird, sind in jeden Pfad Transistoren eingebaut, man kann sie und die zugehörigen Basisvorwiderstände aber auch weglassen. Geschaltet werden die LEDs mit dem Mikroschalter S1, der aktiviert wird, wenn etwas auf dem Tassenuntersetzer steht.

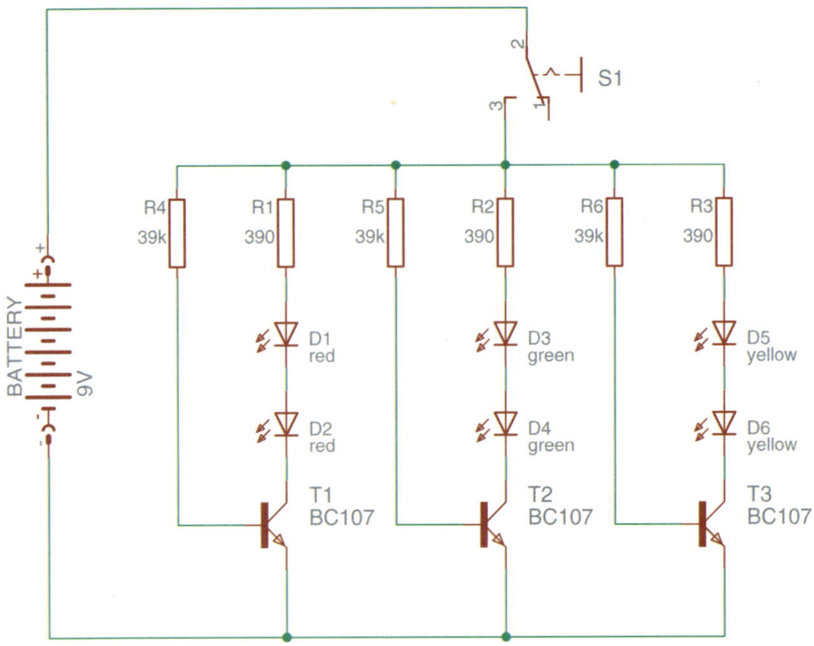

Abb. 17: Schaltung für den Tassenuntersetzer

Gemäß *Abb. 18* werden in den Deckel oder die Kartonscheibe Löcher für die LEDs und den Mikroschalter gebohrt bzw. gestanzt. Es ist sinnvoll, die LEDs in Randnähe anzuordnen, um später der Tasse eine „Rundumbeleuchtung“ zu verleihen (siehe *Abb. 19*). Die LEDs werden in die Löcher geklebt. Wer möchte, kann den LEDs auch formschöne Fassungen verpassen. Für den Mikroschalter lohnt es sich nicht, wenn man ihn mit Schrauben befestigt. Es reicht für diesen Zweck, ihn direkt auf den Deckel oder die Kartonscheibe zu kleben. Um nicht zu viel Aufwand zu haben, reicht es in der Regel vollkommen aus, wenn man die Bauteile frei verdrahtet. Wer den Aufwand nicht scheut, kann den Bauteilen auch eine passende Platine zufügen.

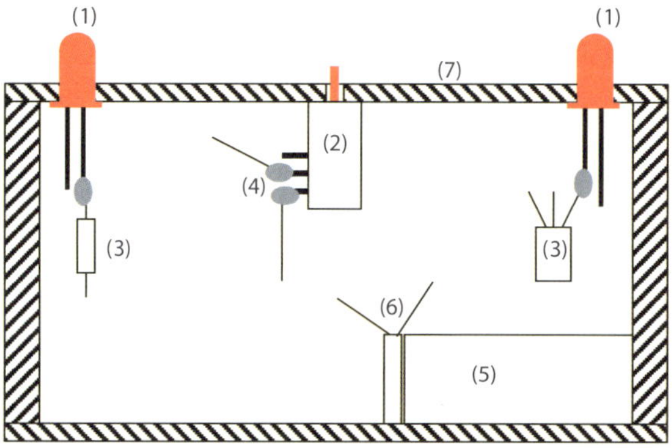

Abb.18: Skizze des Aufbaus im Querschnitt; (1) = LEDs, (2) = Mikroschalter, (3) = Widerstände und Transistoren frei verdrahtet, (4) = Lötanschlüsse und freie Verdrahtung am Mikroschalter, (5) = 9-V-Batterie, (6) = Batterieclip sowie (7) = Kartonscheibe mit eingefügten Bauteilen.

Abb. 19: Ein Tassenuntersetzer für die nächste Party

Sobald eine Tasse auf den Tassenuntersetzer gestellt wird, schaltet der Mikroschalter die LEDs ein. Die nächste Party kann kommen!

3.2 LED-Tassenuntersetzer mit Temperaturdetektor

Nun wird eine Erweiterung des vorhergehenden Projekts vorgestellt. Statt die LEDs nur ein- und auszuschalten, sollen sie vielmehr einen Temperaturbereich der Tasse anzeigen, sodass man anhand der LEDs erkennen kann, ob die Tasse heiß oder kalt ist.

Die Bauteile, die man dafür benötigt, sind in *Abb. 20* zu sehen. Bei dieser Schaltung ist es weniger empfehlenswert, den Aufbau frei zu verdrahten. Hier ist es sinnvoll, eine Platine zu verwenden. Wenn man nur ein oder zwei solche Tassenuntersetzer bauen möchte, kann man das durchaus mit einer Lochrasterplatine machen. Wer hingegen eine ganze Serie baut, ist gut beraten, dafür ein Platinenlayout zu zeichnen und entsprechend viele ätzen zu lassen.

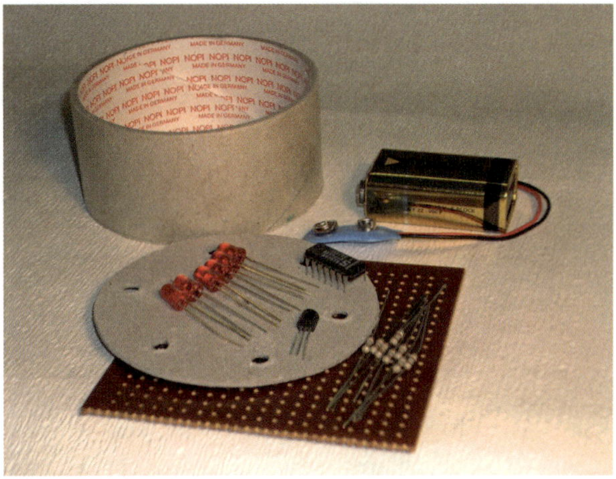

Abb. 20: Das sind die Einzelteile für den Tassenuntersetzer mit Temperaturdetektor.

Doch nun zur Schaltung (siehe *Abb. 21*). Versorgt wird sie wieder mit einer 9-V-Batterie. Das Bauteil IC1, das aussieht wie eine Zener-Diode, ist ein integrierter Schaltkreis mit drei Anschlussbeinchen. Es handelt sich dabei um einen präzisen Temperatursensor, der mit einem Strom von rund 1 mA versorgt wird (laut Datenblatt beträgt die Stromversorgung zwischen 400 µA und 5 mA). An seinen Anschlüssen fällt eine Spannung ab, die von der absoluten Temperatur (gemessen in Kelvin) abhängt. Die Empfindlichkeit beträgt 10 mV/K. Bei einer Temperatur von 20 °C beträgt die Ausgangsspannung somit $(273\,K + 20\,°C) \cdot 10\frac{mV}{K} = 2{,}93\,V$.

IC2 ist ein Vierfach-Operationsverstärker mit Rail-to-Rail-Aussteuerung. Von dieser Sorte gibt es verschiedene Typen. Solche OPs eignen sich deshalb so gut, weil hier nur eine einfache Spannungsversorgung verwendet wird. Im hier gezeigten Fall wurde der OP484 verwendet. IC2A arbeitet als Impedanzwandler, wird hier aber nicht zwingend benötigt, da die Eingänge sehr hochohmig sind. IC2B, IC2C und IC2D arbeiten als Komparatoren. Sobald die Spannung an IC1 größer ist als die Spannung(en) am Spannungsteiler R5 bis R8, schaltet der zugehörige Komparator auf die positive Ausgangsspannung um und die LEDs leuchten. Bei den LEDs ist zu beachten, dass es sich um Low-Current-LEDs handelt, die bereits bei 1 mA hell aufleuchten.

Der Spannungsteiler ist so dimensioniert, dass die Komparatoren folgendermaßen umschalten:

Tabelle 2: Zuordnung der Schaltspannungen zu den Temperaturwerten

Komparator	Schaltspannung	Temperatur
IC2D	2,86 V	13 °C
IC2C	2,96 V	23 °C
IC2B	3,07 V	34 °C

Die krummen Werte kommen dadurch zustande, dass die Widerstände des Spannungsteilers von der Reihe E12 verwendet werden. Wer andere Schalttemperaturen haben möchte, muss den Spannungsteiler entsprechend anpassen.

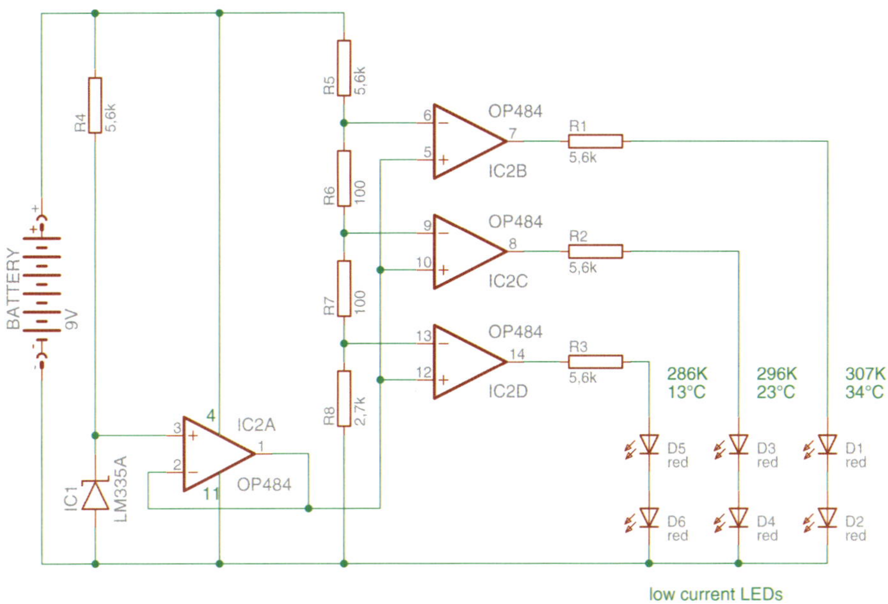

Abb. 21: Schaltplan für den Tassenuntersetzer mit Temperaturdetektor

Abb. 22 zeigt den skizzierten Aufbau. Die Bauteile werden auf die Platine gelötet, wobei die LEDs weit genug herausragen müssen, damit sie durch die Deckplatte passen. Ebenso muss das IC1 (Temperatursensor) im Zentrum der Deckplatte so weit herausragen, dass es einigermaßen die Temperatur der Tasse erfühlen kann (siehe *Abb. 23*) – aber nicht zu weit, da sonst die Tasse uneben stehen würde.

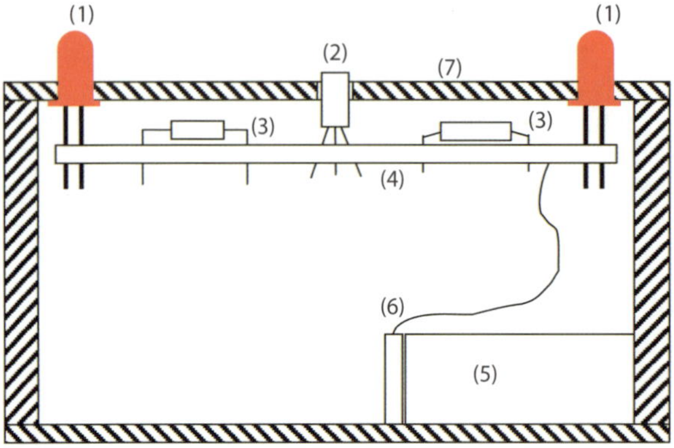

Abb. 22: Skizze für die Montage der Einzelteile des Tassenuntersetzers im Querschnitt, mit (1) = LEDs, (2) = IC1, (3) = sonstigen Bauteilen, (4) = Platine, (5) = Batterie, (6) = Batterieclip und (7) = Deckplatte.

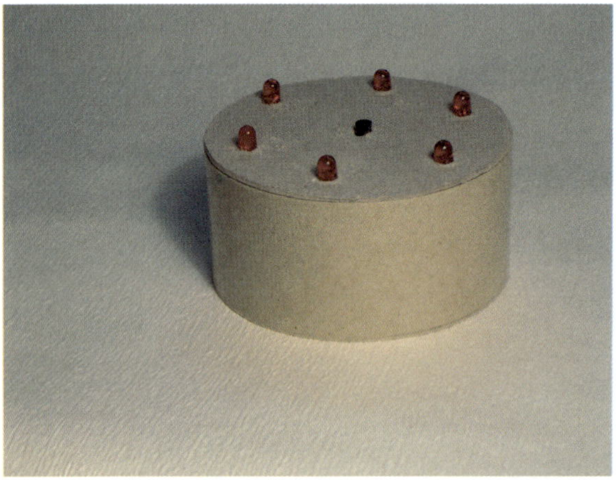

Abb. 23: Tassenuntersetzer mit Temperaturdetektor

Sobald die Temperatur des IC1 größer als 13 °C wird (auch schon bei Raumtemperatur), leuchten die LEDs D5 und D6. Wenn nun eine kalte Tasse daraufgestellt wird und die Temperatur kleiner wird als 13 °C, leuchtet keine LED. Steigt die Temperatur auf über 23 °C, leuchten D3 und D4 sowie D5 und D6. Bei über 34 °C leuchten alle LEDs.

3.3 LED-Lichtorgel für die Hi-Fi-Anlage

Früher waren die heimischen Lichtorgeln für die Hi-Fi-Anlage mit Glühlampen oder Gasentladungslampen bestückt. Heute, im Zeitalter der LED-Beleuchtung, nimmt man dafür selbstverständlich LED-Lampen. *Abb. 24* zeigt eine kleine Auswahl verschiedener LED-Lampen. Sie haben den Vorteil, dass sie in eine herkömmliche E14- oder E27-Fassung passen. Wer schon eine Lichtorgel zu Hause hat, kann die Glühlampen durch LED-Lampen ersetzen. Wer hingegen selbst eine Lichtorgel zusammenbauen möchte, kann die folgende Schaltung als Anregung verwenden.

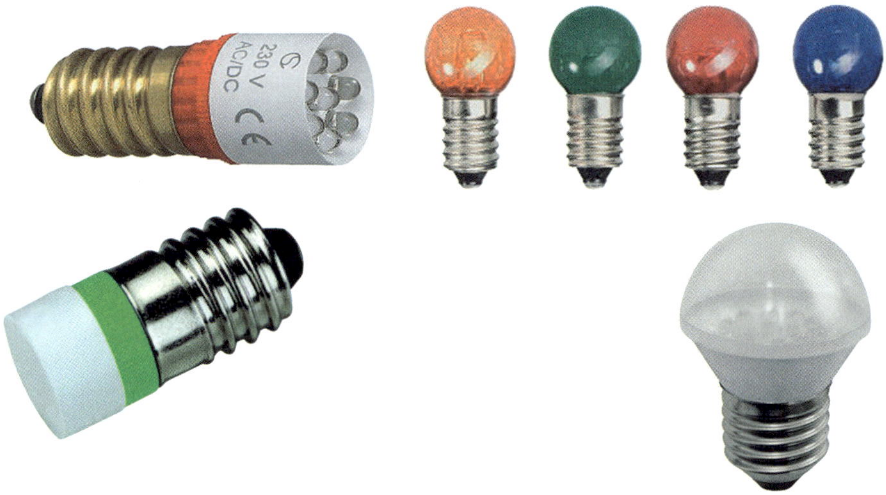

Abb. 24: Verschiedene LED-Lampen mit E14- und E27-Fassung

Prinzipiell kann man verschiedene Ansätze für eine Lichtorgel betrachten. Eine Möglichkeit besteht darin, ähnlich wie in einer Lautsprecherbox, mehrere Frequenzweichen zu verwenden. In diesem Fall werden dann verschiedenen Frequenzbereichen des NF-Signals eigene Ausgänge für die LED-Lampen zugeordnet. Eine andere Möglichkeit besteht darin, den frequenzabhängigen Widerstand einer Spule oder eines Kondensators auszunutzen, um damit Treiberstufen ab einem bestimmten Frequenzbereich anzusteuern.

Letztere Version wird in der Schaltung in *Abb. 25* verwendet. Das NF-Signal von einem Hi-Fi-Verstärker wird an die Anschlüsse NF.1 und NF.2 eingespeist. Der Übertrager Tr1 dient zur galvanischen Trennung. Mit dem Poti R8 wird der NF-Signalpegel an die Schaltung angepasst. Am Ausgang des Übertragers liegen drei identisch aufgebaute Ausgangstreiberstufen mit frequenzabhängiger Ansteuerung. Mit den Potis R5, R6 und R7 werden die Triggerschwellen der Thyristoren eingestellt. Je nach ankommenden NF-Frequenzen, fließen durch die Kondensatoren C1, C2 und C3 mehr oder weniger große Ströme. Es gilt: Je kleiner die Kapazität des Kondensators ist, desto größer ist sein kapazitiver Blindwiderstand. Im Klartext heißt das, dass Thyristor Th1 bereits bei kleineren Frequenzen getriggert wird, während Thyristor Th3 erst bei höheren Tönen schaltet; Thyristor Th2 liegt etwa im mittleren Frequenzbereich. Die

Werte für die Kondensatoren sind lediglich ein Vorschlag. Man sollte durchaus mit verschiedenen Werten experimentieren.

Für die Buchsen werden Schukosteckdosen verwendet. An die Steckdosen werden die LED-Lampen angeschlossen. Man kann auch Steckdosenleisten verwenden, um mehrere LED-Lampen zu betreiben.

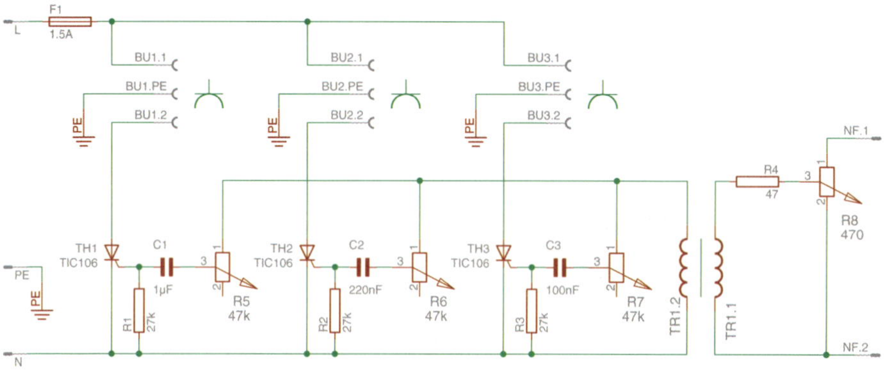

Abb. 25: Schaltplan für eine einfache Lichtorgel

Die LED-Lampen leuchten dann im Rhythmus der Musik auf. Sind nur Bässe zu hören, wird nur die Buchse BU1 aktiviert. Bei sehr hohen Tönen sind alle Buchsen aktiv. Bei den mittleren Tönen werden nur die Buchsen BU1 und BU2 aktiviert. Da hier mit Netzspannung gearbeitet wird, ist besondere Vorsicht geboten. Man muss unbedingt VDE-Vorschriften und sonstige Sicherheitsmaßnahmen einhalten.

Die hier vorgestellte Schaltung funktioniert übrigens auch mit Kleinspannung. Anstelle der Netzspannung kann man auch ein Labornetzgerät verwenden. Sogar bei einer Betriebsspannung von nur 10 V lassen sich bereits gute Ergebnisse erzielen.

Wer nicht gerne selbst bastelt, kann sich auch eine Lichtorgel kaufen. *Abb. 26* zeigt zwei Lichtorgeln, wie sie im Handel erhältlich sind.

Abb. 26: Beispiele für Lichtorgeln [Quelle: Conrad Electronic]

3.4 LED-Elektronik in der Flasche

Kennen Sie „Buddelschiffe“? Schiffsmodelle werden mit raffinierten Tricks in Flaschen eingebaut und als Dekorationsgegenstand aufgestellt. Anstelle von Schiffsmodellen werden im hier gezeigten Beispiel elektronische Schaltungen in Flaschen eingebaut. Dazu müssen die Bauteile durch den engen Flaschenhals hindurchgeschoben und mit Spezialwerkzeug im Inneren der Flasche (durch den Flaschenhals) zusammengesteckt und zurechtgebogen werden. Das ist etwas für kreative Köpfe.

Hier wird eine LED-Uhr vorgestellt. Damit man nicht so lange nach einem speziellen Uhren-IC suchen muss, wird ein ausgedienter Radiowecker verwendet, der die LED-Anzeige mit der richtigen Uhrzeit, nebst Weck- und Schlummeranzeige ansteuert. Das Prinzip ist in *Abb. 27* dargestellt.

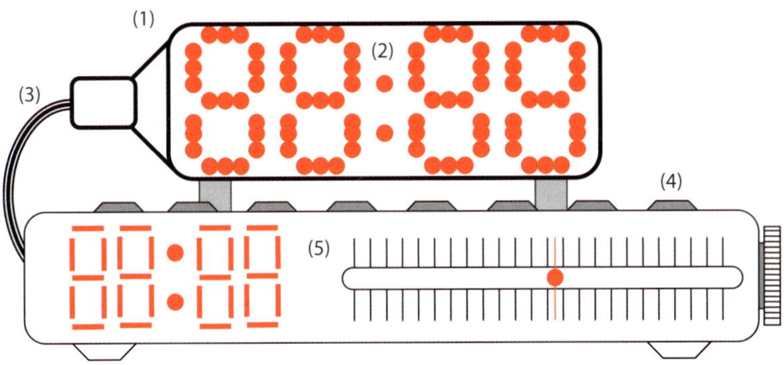

Abb. 27: Prinzipielle Skizze für den Aufbau der Buddel-LED-Anzeige, mit (1) = Flasche, (2) = LED-Anzeige in der Flasche, (3) = Ansteuerleitung, (4) = Steuerelementen des Radioweckers und (5) = Vorderansicht des Radioweckers.

In *Abb. 28* sieht man den Elektronikteil, den man zusätzlich bauen muss. Die Anzeige des Radioweckers besteht aus vier 7-Segment-Anzeigen, also zusammen 28 Segmenten (= 4 x 7). Ebenso viele Ansteuerschaltungen werden benötigt – für jedes Segment eine. Für die gezeigte Treiberstufe müssen diese 7-Segment-Anzeigen des Radioweckers eine gemeinsame Kathode haben. Falls sie eine gemeinsame Anode haben, muss man die Schaltung entsprechend abändern und einen PNP-Transistor verwenden.

Jedes Segment muss mit der Treiberstufe verbunden werden. Der Vorwiderstand R1 ist für eine LED-Spannung von 1,6 V berechnet; bei anderen Werten muss R1 entsprechend angepasst werden. Nicht vergessen: Auch die Masseleitung vom Uhrenmodul des Radioweckers muss mit der Masse des Netzteils für die Buddelanzeige verbunden werden.

Es empfiehlt sich nicht, das Netzteil für die Buddelanzeige mit in die Flasche einzubauen – zum einen wegen der unnötigen Arbeit und zum anderen wegen der Wärmeentwicklung. Wer möchte, kann auch die ganzen Treiberstufen in die Flasche oder nur die LEDs integrieren; letzteres erfordert weniger Arbeit beim Durchschieben durch den engen Flaschenhals und das anschließende saubere Anordnen. In diesem Projekt werden pro Segment drei runde LEDs in Reihe geschaltet (siehe *Abb. 28*). Man kann zwar auch kleine herkömmliche 7-Segment-Anzeigen verwenden, aber dann ist es offensichtlich, wie man sie durch den engen Flaschenhals geschoben hat.

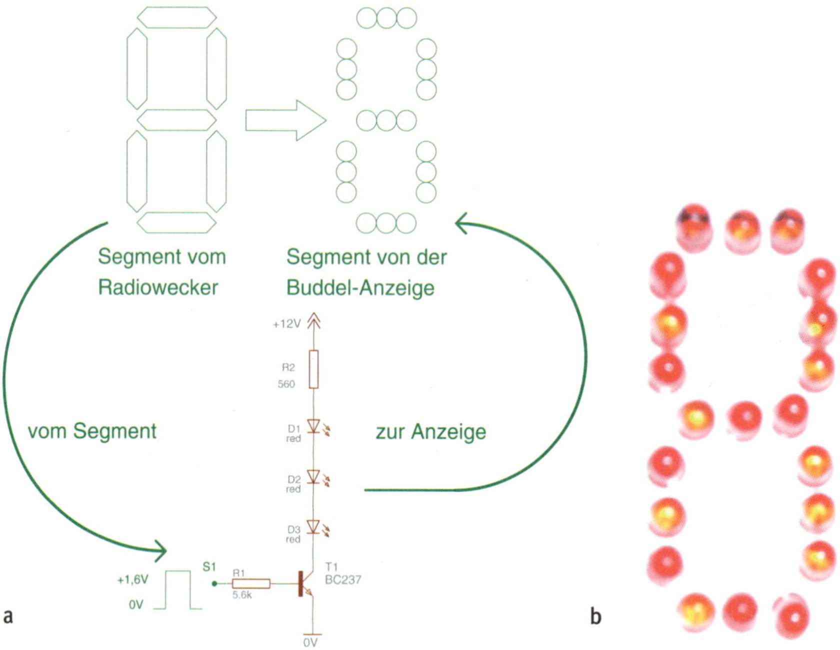

Abb. 28: (a) Schaltplan für die LED-Anzeige. (b) So sieht eine 7-Segment-Anzeige mit jeweils drei LEDs pro Segment bei Vollansteuerung aus.

Als „Frontplatte" verwendet man ein sehr dünnes Blech oder ein dickes Blatt Papier (z. B. ab 120 g/cm^2). Nachdem die Löcher gebohrt sind, klebt man die LEDs hinein. Die Verdrahtung erfolgt auf der Rückseite mit isoliertem Draht. Wenn alles fertig aufgebaut ist, rollt man das Papier so weit zusammen, dass es durch den Flaschenhals passt (siehe *Abb. 29*). Sobald es den engen Flaschenhals passiert hat, rollt es sich aufgrund der Eigenelastizität wieder etwas ab. Anschließend muss man mit Spezialwerkzeugen die Frontplatte wieder vollends auseinanderrollen. Die Werkzeuge dazu muss man selbst herstellen. Als einfache Zangen haben sich Klemmprüfspitzen bewährt (siehe *Abb. 30*). Sonstige Werkzeuge mit Haken und Ösen oder Ähnlichem muss man aus dickem Draht zurechtbiegen.

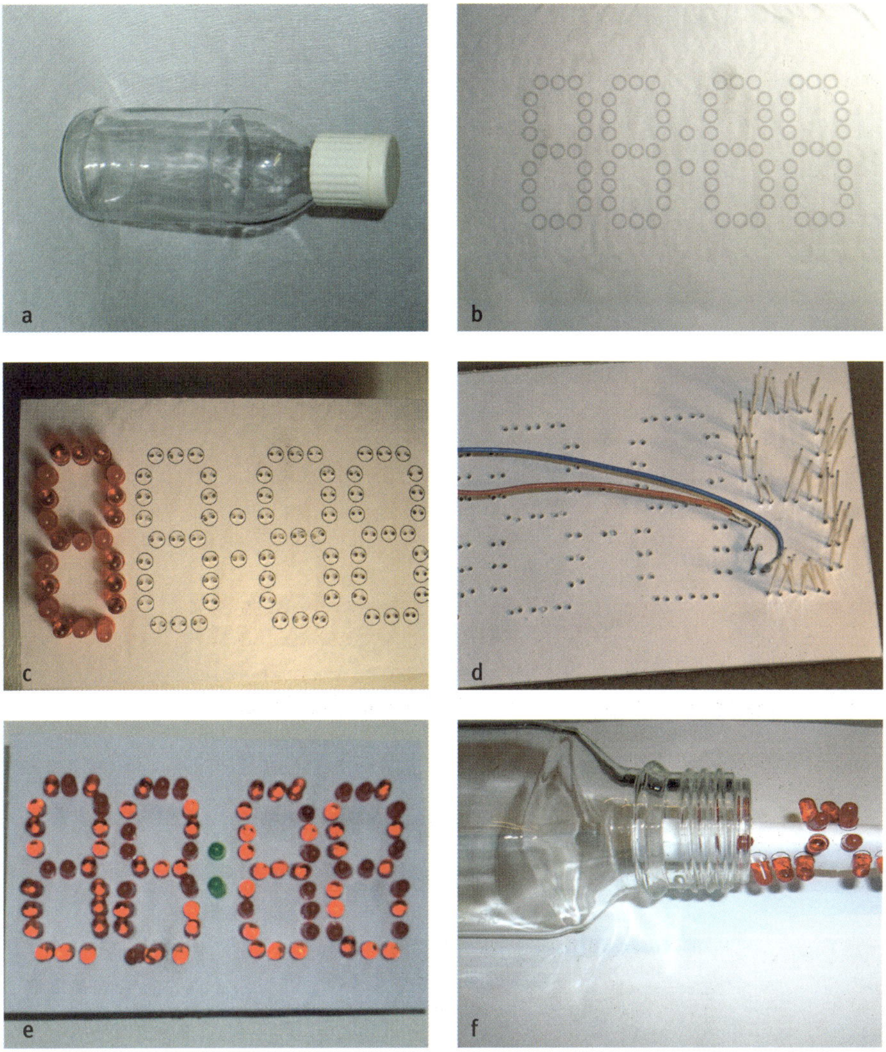

Abb. 29: (a) Auf den ersten Blick erscheint der Flaschenhals recht eng. (b) So sieht das auf dünnem Karton aufgedruckte Display aus. (c) Vorderansicht des Displays; eine 7-Segment-Ziffer ist bereits platziert, daneben sieht man die Bohrungen für die Anschlüsse der anderen LEDs. (d) Rückseite des Displays; die erste Ziffer ist teilweise verdrahtet. (e) Vorderansicht des Displays vollständig mit LEDs bestückt. (f) So führt man die aufgerollte LED-Anzeige durch den Flaschenhals in die Buddel ein.

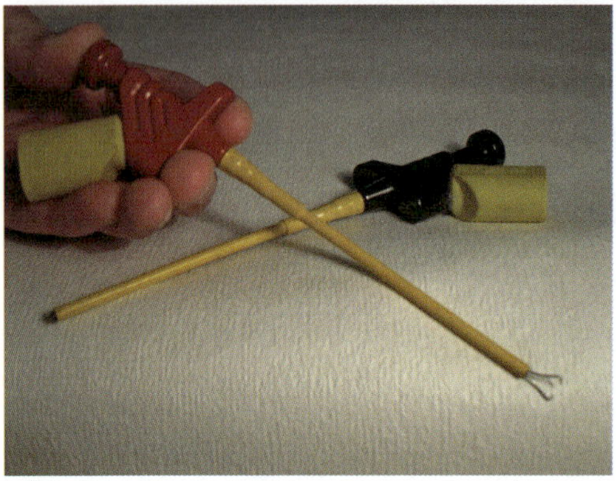

Abb. 30: Klemmprüfspitzen (Kleps) als Minizangen

Mit etwas Fingerspitzengefühl arrangiert man das „Innenleben“ der Flasche. *Abb. 31* zeigt den Radiowecker mit der Spezialanzeige in der Flasche. Wer möchte, kann den Radiowecker auch versteckt platzieren, sodass nur die Flasche sichtbar ist.

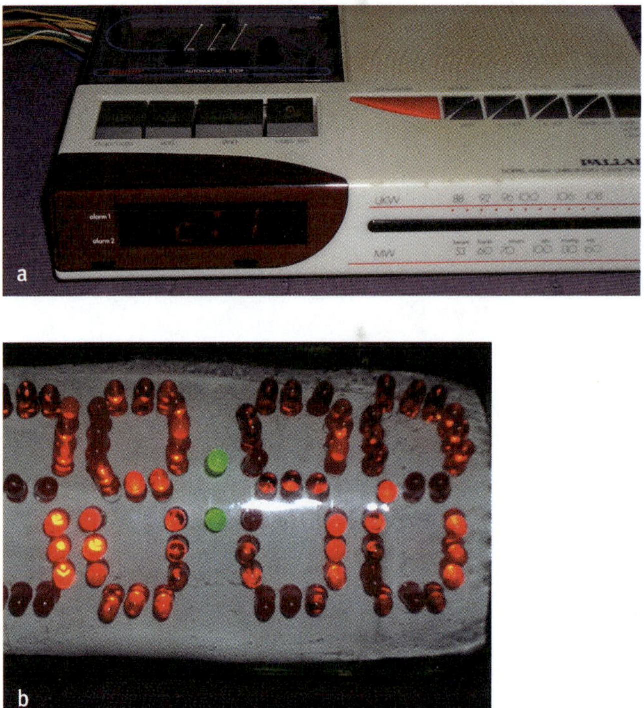

Abb. 31: (a) Radiowecker und (b) LED-Anzeige in der Buddel

3.5 Vitrine mit LED-Elektronik

Geht man nach dem Lexikon, ist eine Vitrine ein Glasschrank, in dem in Museen wertvolle Gegenstände aufbewahrt werden (nach [1]). Vitrinen werden auch vielfach im privaten Hausgebrauch verwendet, um Gegenstände sichtbar aufzubewahren. Ein Vorteil von Vitrinen ist, dass die Gegenstände nicht verstauben.

Als Vitrinen eignen sich alle Schränke mit Glastür. Aber auch Flaschen aller Größen (siehe *Abb. 32*) oder Verpackungsmaterial aus durchsichtigem Kunststoff (siehe *Abb. 33*) lassen sich dazu verwenden. Großzügig gesehen kann man als „Vitrine“ auch ein einfaches Regal oder eine andere Ablagemöglichkeit betrachten (siehe *Abb. 34*).

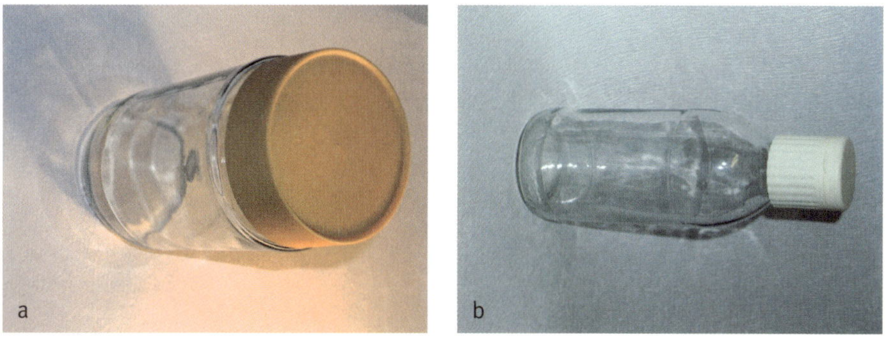

Abb. 32: (a) Ein großes Glas mit breitem Hals und Schraubdeckel für eine kleine Vitrine. (b) Eine kleine Flasche mit engem Hals für Miniaturvitrine.

Abb. 33: Durchsichtige Verpackung für eine extravagante Vitrine

Abb. 34: Ein Kabelkanal im Arbeitszimmer wird meist als Ablagefach „missbraucht".

Zwei Beispiele zeigen, was man mit LEDs machen kann: (a) wechselnde Mehrfarbenbeleuchtung mit LEDs für kleine Ausstellungsstücke und (b) Multicolor-LED-Panel für ein Ablagefach im Wohnzimmerschrank.

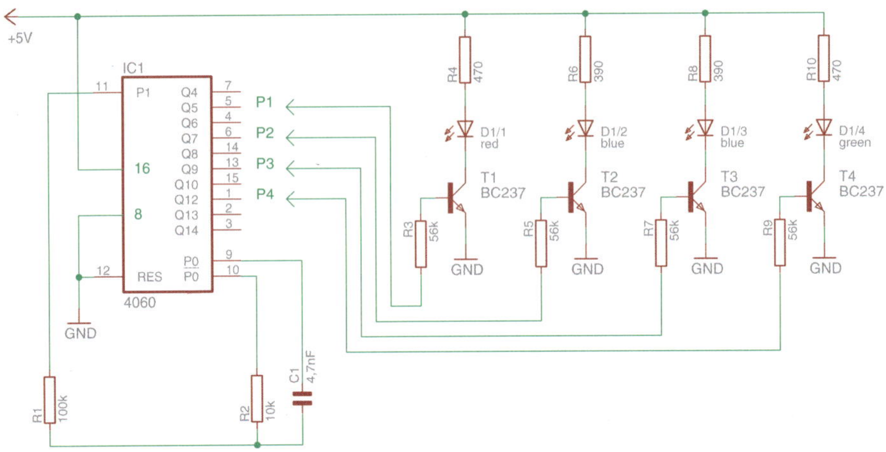

Abb. 35: Schaltplan für die Multicolor-LED der Firma Kingbright

(a) Mehrfarbenbeleuchtung mit LEDs

Die Schaltung für die wechselnde Mehrfarbenbeleuchtung mit LEDs ist in *Abb. 35* zu sehen. Sie besteht im Wesentlichen aus dem CMOS-IC 4060, ein paar Widerständen, einem Kondensator und vier Treiberstufen mit LEDs. Alle vier LEDs sind in einem Gehäuse untergebracht und über sechs Anschlüsse herausgeführt (Datenblatt siehe

Anhang 5). IC1 ist ein 14-stufiger Ripple-Carry-Counter mit integriertem Oszillator. Die Oszillatorfrequenz wird mit R2 und C1 eingestellt; mit der angegebenen Dimensionierung beträgt sie etwa 10 kHz. Die Eingänge P1 bis P4 der Treiberstufen werden an die Zählerausgänge angeschlossen, am besten über Steckbrücken oder einen DIP-Schalter. Welche Ausgänge verwendet werden, ist Geschmacksache und hängt davon ab, wie schnell der Farbwechsel stattfinden soll.

In *Abb. 36* ist eine Flasche mit Edelsteinen zu sehen, in deren Schraubverschluss die Multicolor-LED untergebracht ist. Nicht nur die Edelsteine, sondern auch die Umgebung wird durch Streulicht erhellt.

Abb. 36: Dekorationsgegenstand mit Multicolor-LED der Firma Kingbright

(b) Multicolor-LED-Panel

Auch wenn man nicht unbedingt einen Gegenstand anstrahlen möchte, sondern vielmehr einen leuchtenden Gegenstand auf der Ablage oder in eine Vitrine integrieren möchte, gibt es verschiedene Möglichkeiten. Eine davon ist das Multicolor-LED-Panel [2] (siehe *Abb. 37*). Wie ein solches Multicolor-LED-Panel auf einem Ablagefach in einem Wohnzimmerschrank aussieht, zeigt *Abb. 38*.

Falls es Lieferprobleme geben sollte, kann man ein Multicolor-LED-Panel auch selbst basteln. Dazu besorgt man sich einige farbige Acrylglasquader und baut jeweils ein paar LEDs ein, die man über einen Vorwiderstand mit einem einfachen Steckernetzgerät betreibt. Acrylglasquader gibt es in verschiedenen Abmessungen. Siehe hierzu auch Kapitel 4.

Abb. 37: Multicolor LED Panel [Quelle: www.thinkgeek.com/homeoffice/lights/9380]

3.6 Hinweistafeln fürs Haus

„Wo geht's denn hier zur Toilette?" Wer kennt nicht diese oder ähnliche Fragen, die von Gästen gestellt werden? Zur Lösung dieses Problems findet man im Baumarkt verschiedene Beschriftungsschilder, die man an die Zimmertüren anbringen kann. Elektroniker lassen sich dafür allerdings etwas Besonderes einfallen: Hinweisschilder mit LEDs. Solche Hinweisschilder haben den Vorteil, dass sie zum einen auch bei Dunkelheit nicht übersehen werden und außerdem einen besonderen Blickfang bieten.

Folgendes ist zu bedenken:

- Da die Hinweise mit LEDs dargestellt werden, sollten die verwendeten Symbole einfach gehalten sein.
- Die Hinweisschilder müssen mit einem formschönen und flachen Gehäuse gebaut werden.
- Die Stromversorgung erfolgt über Batterien bzw. Akkumulatoren. Wer möchte, kann auch an jede Stelle eine Klingeldrahtleitung legen und für die LEDs ein Netzteil installieren – darauf wird hier aber nicht eingegangen.

Als Beispiele für Symbole sind in *Abb. 38* und *39* ein Wegweiser in Form eines Pfeils und eine Zimmerbeschriftung für eine Toilette gezeigt. Der Wegweiser ist hier lediglich ein einfacher Pfeil, den man z. B. auch mit einer Zimmerbeschriftung kombinieren kann. Das kann beim Zugang zum Treppenhaus hilfreich sein. Für die Beschriftung der Toilette sind hier anstelle von „Mann" oder „Frau" die Symbole für männlich und weiblich verwendet.

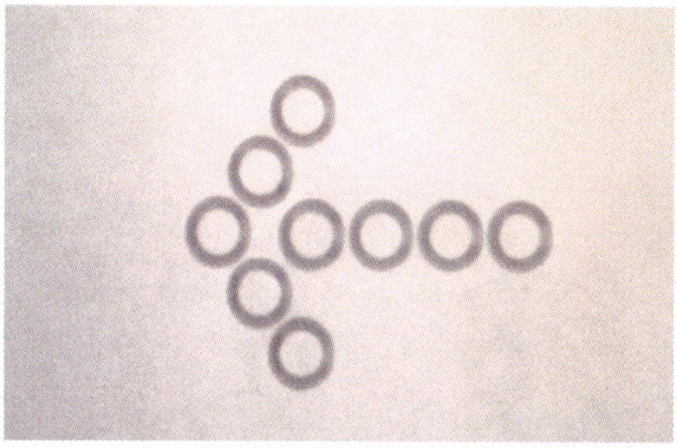

Abb. 38: Vorlage für Pfeil mit LEDs als Wegweiser

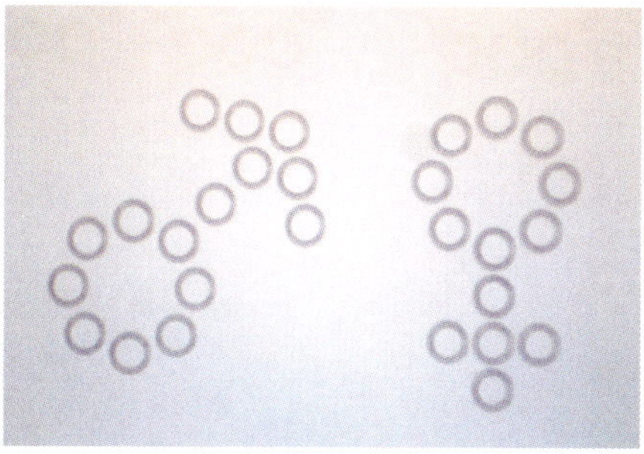

Abb. 39: Vorlage für Toilettenbeschriftung mit LEDs

Angesteuert werden die LEDs mit einer speziellen Schaltung. *Abb. 40* zeigt den Schaltplan. Es kommt hier das CMOS-IC 4060 als zentrales Bauteil zum Einsatz. Die Widerstände R1 und R2 sowie der Kondensator C1 sind die externen Bauteile für einen Oszillator, der einen im IC integrierten Binärteiler ansteuert. An den Ausgängen (im IC mit Q bezeichnet) stehen unterschiedliche Frequenzen zur Verfügung. Die LEDs werden über eine Treiberstufe mit T1 angesteuert. Wenn man möchte, dass die LEDs (scheinbar) dauernd leuchten, muss man einen Ausgang wählen, dessen Frequenz größer als ca. 25 Hz ist. Bei kleinerer Frequenz blinken die LEDs. Blinkende Wegweiser können beispielsweise für Gefahrenhinweise nützlich sein.

Für die LEDs nimmt man am besten Low-Current-LEDs, da sie schon bei 1 bis 2 mA ihre volle Leuchtkraft entwickeln. Außerdem werden die Batterien geschont.

Damit die Hinweistafeln nur dann leuchten, wenn es sinnvoll ist, nämlich bei Dunkelheit, hat die Schaltung einen einfachen Dämmerungsschalter. Er besteht aus der Reihenschaltung R7, R8 und P1. Bei Helligkeit wird der Fotowiderstand R8 niederohmig und Betriebsspannung gelangt an den Reset-Eingang. Dadurch wird der Binärteiler zurückgesetzt und bleibt auch in diesem Zustand. Erst wenn der LDR nicht mehr genügend Licht bekommt, wird er hochohmig und Massepotenzial gelangt an den Reset-Eingang, wodurch der Binärteiler freigegeben wird.

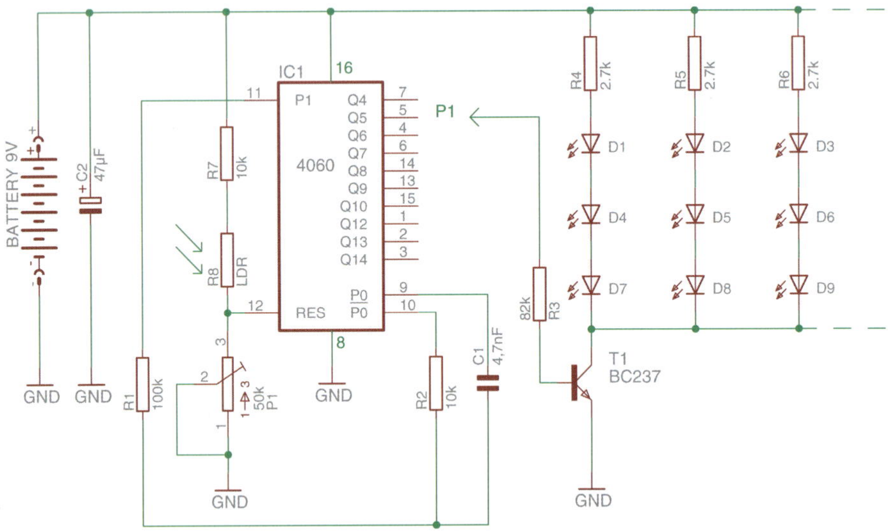

Abb. 40: Schaltplan für Hinweistafeln mit LEDs

Abb. 41: Toilettenbeschriftung mit LEDs; rote LEDs für Männer und gelbe LEDs für Frauen

In den *Abb. 41* und *42* sind die beiden Hinweistafeln fertig aufgebaut zu sehen. Für den Wegweiser wurden grüne LEDs verwendet (andere sind natürlich ebenso möglich). Bei der Toilettenbeschriftung wurden für Mann und Frau verschiedene LED-Farben verwendet.

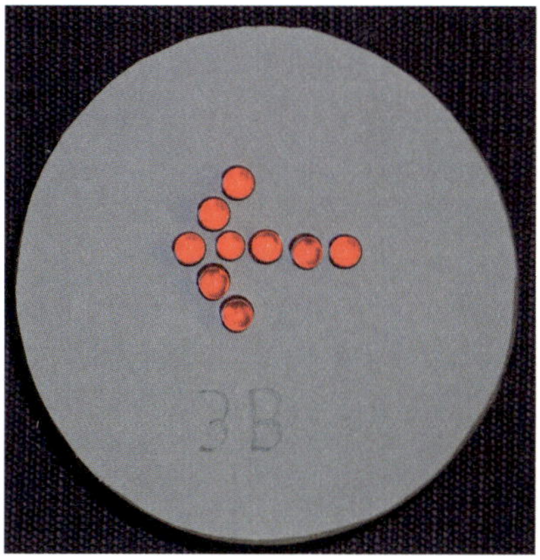

Abb. 42: Pfeil mit roten LEDs als Wegweiser

3.7 Kerzenlicht und LED

Kerzenlicht ist für romantische Augenblicke durch nichts zu ersetzen – auch nicht durch LEDs. Oder mag sich etwa jemand den Kerzenhalter in *Abb. 43* mit Kunstlicht vorstellen? Auch Teelichter samt zugehörigen Kerzenhaltern haben ihren Reiz und lassen sich nur schlecht durch etwas Künstliches ersetzen. Beispielsweise benötigt man bei einem Aromaofen (siehe *Abb. 44*) die Wärme der Kerzenflamme, damit ätherische Öle verdunsten. Für einen Dekorationsgegenstand hingegen kann man durchaus die Kerzen durch LEDs ersetzen.

Abb. 43: Romantisches Ambiente mit Kerzenlicht

Abb. 44: Aromaofen mit Teelicht

An dieser Stelle wird eine Art Symbiose vorgestellt, d. h. eine Kombination von romantischem Kerzenlicht und einer Unterstützung durch LED-Licht. Wie das geht, zeigt *Abb. 45* anhand des Kerzenleuchters. Ähnlich wie beim Tassenuntersetzer nimmt man hier ein flaches, schalenförmiges Gehäuse (z. B. eine Keksdose), auf das man den Kerzenleuchter stellt. In der Außenwandung des Gehäuses werden ringsherum LEDs eingesetzt (siehe *Abb. 46*). Damit das ganze Gebilde auch mit Batterie arbeitet, werden Low-Current-LEDs verwendet. Die Schaltung ist einfach gehalten (siehe *Abb. 47*). Sämtliche LEDs sind in Reihe geschaltet und mit einem Vorwiderstand samt Schalter mit Batterieclips verbunden. Den Schalter bringt man am besten etwas eingelassen an der Unterseite an, oder, falls keine Bodenplatte vorhanden ist, im Inneren des Gehäuses. Man kann auch einen Reedkontakt verwenden, der immer dann einschaltet, wenn ein kleiner Magnet auf das Gehäuse gelegt wird. Der Magnet wird dann am Fuß des Kerzenleuchters (unsichtbar) angeklebt.

Abb. 45: Skizze des LED-bestückten Untersetzers für Kerzenleuchter

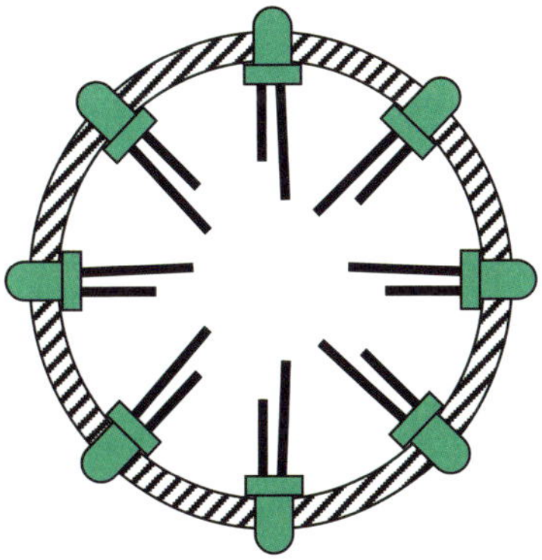

Abb. 46: Gehäuse des Untersetzers im Schnitt – nur die eingesetzten LEDs sind hier dargestellt.

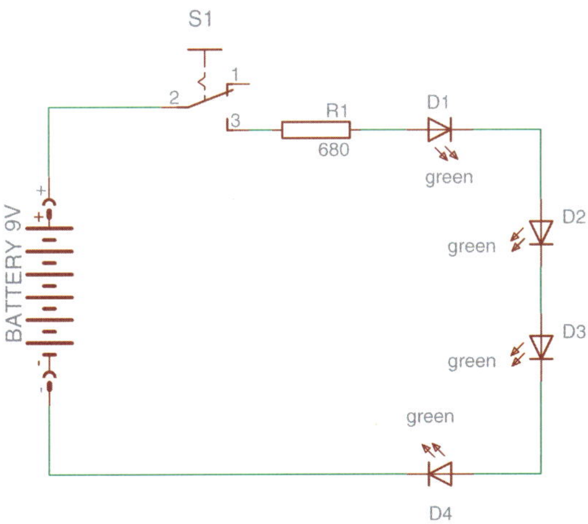

Abb. 47: Schaltplan für den Untersetzer

Wie das Ganze dann in der Praxis aussieht, zeigt die *Abb. 48*. Auch den Aromaofen kann man auf einen solchen Untersetzer stellen und sich dadurch noch einen zusätzlichen Blickfang (siehe *Abb. 49*) schaffen. Dadurch erreicht man eine Harmonie zwischen echtem Kerzenschein und LED-erzeugtem Kunstlicht. Auch ein einfaches Teelicht erhält so eine anspruchsvolle Note.

Abb. 48a): Kerzenleuchter auf dem LED-bestückten Untersetzer

Abb. 48b): Nahaufnahme des LED-bestückten Untersetzers mit Kerzenleuchter

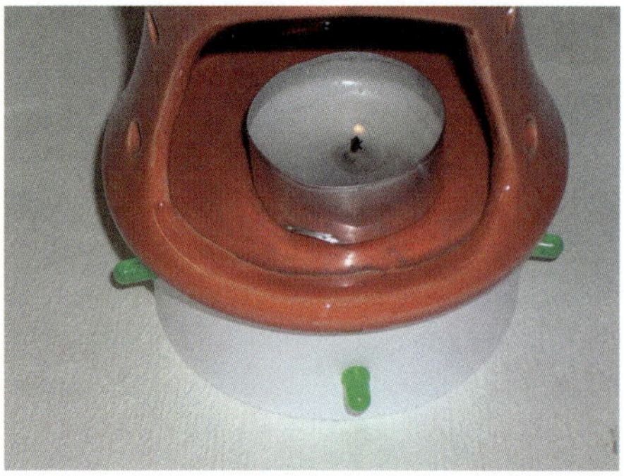

Abb. 49: Aromaofen auf dem LED-bestückten Untersetzer

Abb. 50: Teelicht auf dem LED-bestückten Untersetzer

3.8 Licht aus der Sektflasche

Eine originelle Idee ist es, eine farbige Flasche von innen her zu beleuchten – selbstverständlich mit Hochleistungs-LEDs. Hierzu muss man ein paar hocheffiziente LEDs samt Vorwiderstand in Reihe schalten und mit Anschlussdrähten versehen. Nachdem die Spannungsversorgung angelegt ist, sieht man, wie die Flasche in einem besonderen Licht von innen heraus leuchtet. Wesentlich angenehmer ist das Flaschenlicht, wenn man die Raumbeleuchtung ausschaltet. Die vielen Lichtreflexionen an der Glaswandung und die Farbe des Glases verleihen der Flasche eine besondere Lichtaura. Die Flaschenleuchte ist sicher nicht für die tägliche Raumbeleuchtung geeignet, wohl aber für besondere Anlässe, wie z. B. stimmungsvolle Partys.

Verwenden kann man prinzipiell alle Glasflaschen. Am besten geeignet sind aber gefärbte, wie z. B. Sekt-, Wein-, Bierflaschen etc. (siehe *Abb. 51*). Gemäß *Abb. 52* wird eine hocheffiziente LED samt Vorwiderstand an Anschlussdrähten in die Flasche gehängt. Man kann auch mehrere LEDs verwenden. Als LED wurde hier eine weiß strahlende vom Typ SE-5OS-300WC (Datenblatt siehe Anhang 3) verwendet. Vor dem Einführen in die Flasche muss man die LED(s) ein bisschen abwinkeln, sodass sie zur Seite strahlen. Wie groß der Winkel sein muss, ist empirisch zu ermitteln. Prüfen sollte man aber immer bei Dunkelheit, da man nur dann die beste Effizienz ermitteln kann. Die Anschlussleitung führt man durch einen durchbohrten Korkstopfen und dichtet mit etwas Silikon ab. Betrieben wird eine solche leuchtende Sektflasche mit einem einfachen Steckernetzteil, mit dem man auch mehrere Flaschen parallel betreiben kann (siehe *Abb. 53*). *Abb. 54* zeigt, wie eine solche Sektflasche bei Nacht leuchtet. Gerade für Partys ist das ein besonderer Blickfang und hebt den Hintergrund stimmungsmäßig an. *Abb. 55* zeigt eine weitere Variante, wie man eine leuchtende Sektflasche anordnen kann. Der Fantasie sind hierbei keine Grenzen gesetzt.

Abb. 51: Auch aus einer leeren Sektflasche kann man noch etwas Brauchbares zaubern.

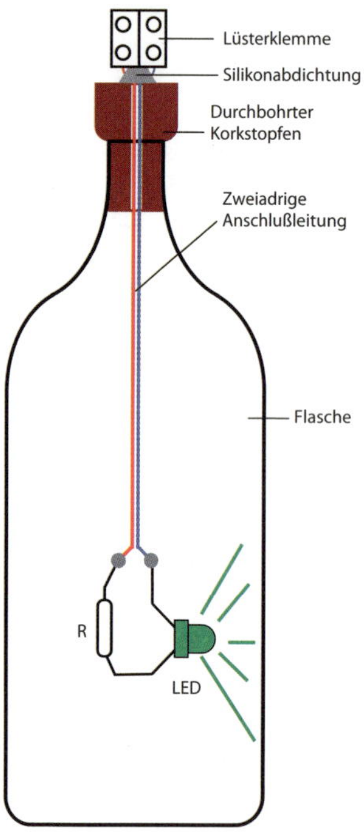

Abb. 52: Prinzipieller Aufbau

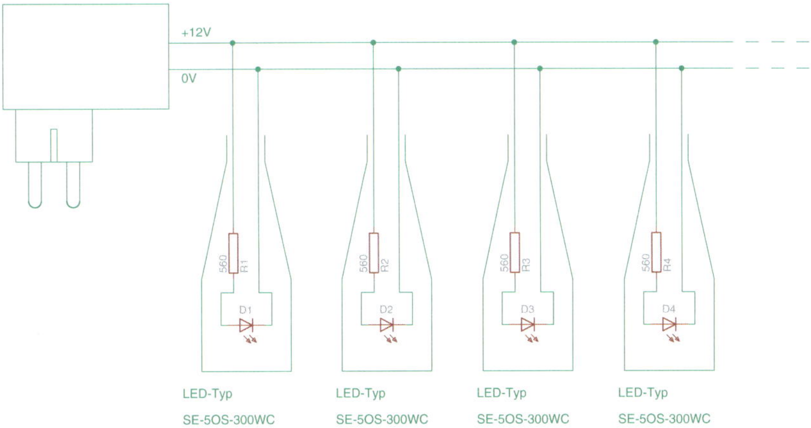

Abb. 53: Schaltung für mehrere leuchtende Sektflaschen

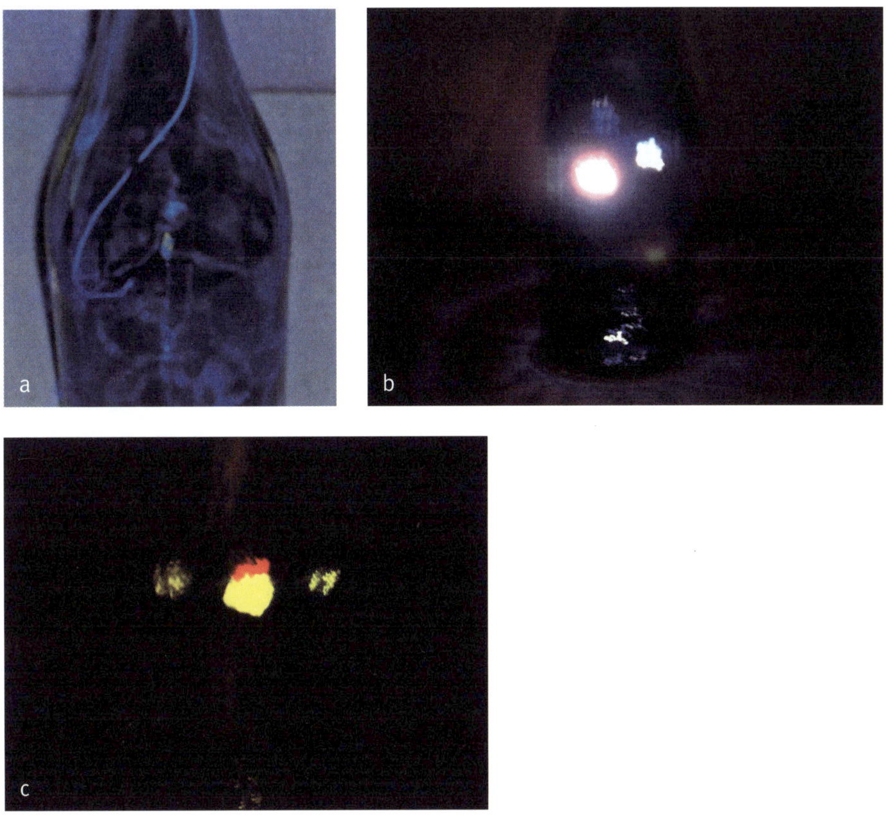

Abb. 54: Leuchtende Sektflasche (a) bei leichter Dämmerung, (b) bei starker Dämmerung und (c) bei vollkommener Dunkelheit

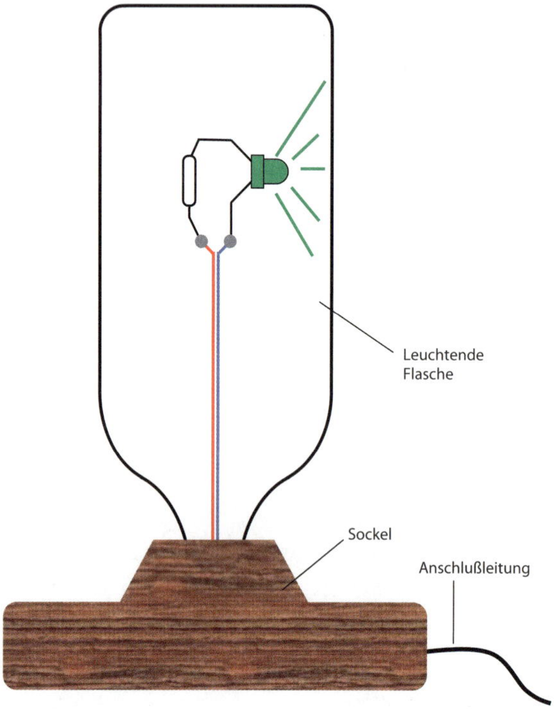

Abb. 55: Auf dem Kopf stehende leuchtende Sektflasche

3.9 Dekorative Blumenleuchte

Ein besonderer Blickfang sind Pflanzen im Haus. Meist stehen sie im Wohnzimmer vor dem Fenster, wo sie genügend Licht bekommen. Liefert hingegen das Fenster nicht genügend Licht oder stehen die Pflanzen womöglich im Gang, wo kein Fenster vorhanden ist, ist man auf Fremdbeleuchtung angewiesen. Häufig werden dafür spezielle Pflanzen- oder Halogenlampen, manchmal auch gewöhnliche Leuchtstofflampen verwendet. Seit es superhelle LEDs gibt, kann man auch LED-Strahler für die Beleuchtung von Pflanzen verwenden (siehe *Abb. 56*).

LED-Strahler gibt es in den verschiedensten Ausführungen, z. B. in 230-V- und 12-V-Technik. Die Strahler enthalten meist mehrere Hochleistungs-LEDs (siehe *Abb. 57*) samt Elektronik zur Strombegrenzung. Während die einfachsten Exemplare lediglich einen Vorwiderstand zur Strombegrenzung haben, sind in den hochwertigeren Lampen elektronische Vorschaltgeräte integriert. Hochwertige Lampen enthalten sogar elektronische Stromkonstanter. Mittlerweile gibt es solche LED-Strahler in den unterschiedlichsten Farben: Rot, Gelb, Grün, Blau, Goldfarben, Weiß und sogar mehrfarbig.

Wer auf der Blumenbank künstliche Pflanzen hat, kann sie auch mit ein- oder mehrfarbigen LED-Strahlern beleuchten, um besondere Lichteffekte zu erzielen. Wenn auch LED-Licht generell als kaltes Licht bezeichnet wird, da keine zusätzliche Wärmestrahlung wie bei Glühlampen entsteht, spricht man bei rotem LED-Licht trotzdem häufig von warmem Licht, da es im Spektrum neben dem infraroten Bereich liegt. Während ein roter Strahler warmes Licht aussendet (siehe *Abb. 58*), liefert ein blauer Strahler kaltes Licht.

Für die Beleuchtung der Blumenbank eignet sich das Installationsmaterial der Halogentechnik sehr gut. Im Abstand von einigen Zentimetern werden die blanken Leiterschienen an der Decke entlang über der Blumenbank installiert und mit einem passenden Kleinspannungsnetzteil verbunden. An die Leiterschienen werden dann die LED-Strahlerlampen angeklemmt (siehe Schaltung in *Abb. 59*).

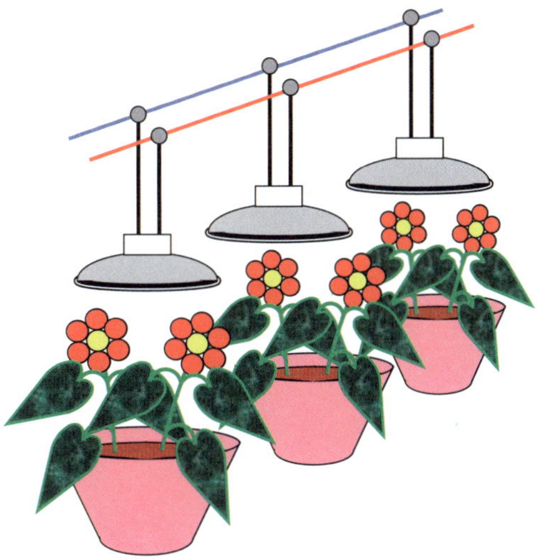

Abb. 56: Prinzipdiagramm eines LED-Strahlersystems für die Pflanzenbank

Abb. 57: LED-Strahler Lampe [Quelle: Conrad Electronic]

Abb. 58: Rote LED-Strahler-Lampe

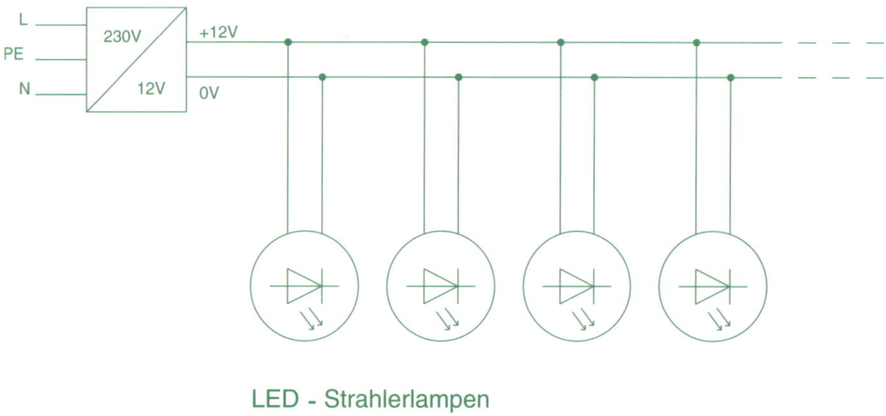

Abb. 59: Schaltung für das LED-Strahlersystem

4 X-Block®-Technologie

Wer eine Wohnung kauft oder mietet, wird sich meist für die Anzahl und Größe der Räume interessieren. Wenn man dann die Wohnung bezogen hat, stellt sich oft heraus, dass die Aufteilung nicht den Idealvorstellungen entspricht. Also müssen die Räume, so weit wie möglich, selbst aufgeteilt werden. Dazu werden dann oft Trennwände eingebaut oder mit passenden Möbeln die gewünschten Raumaufteilungen durchgeführt. In diesem Kapitel wird eine Möglichkeit vorgestellt, die besonders für Elektroniker bzw. Hobbyelektroniker interessant ist.

Die Firma Pusch GmbH & Co. KG produziert Acrylglasblöcke, die man wie Bauklötze zu Wänden oder Wandteilen zusammenfügen kann. Diese Acrylglasblöcke werden unter der geschützten Bezeichnung *X-Block®* in verschiedenen Farben vertrieben. Zum einen sind die X-Block®-Bausteine transparent und lassen somit Licht, das von außen einfällt (weitestgehend) durch. Andererseits kann man die X-Block®-Bausteine auch von innen her beleuchten, sodass die Acrylglaswand selbst leuchtet. Damit kann man dann faszinierende Eindrücke für den Wohnbereich erzeugen. Die *Abb. 60* bis 62 zeigen, um was es sich bei den X-Block®-Bausteinen handelt und wie man sie anwendet.

Abb. 60: Wanddurchbruch in einem Kinderzimmer mit X-Block®-Bausteinen [Quelle: Pusch GmbH & Co. KG]

Abb. 61: Nahaufnahme einer Theke, die mit X-Block®-Bausteinen hergestellt wurde. [Quelle: Pusch GmbH & Co. KG]

Abb. 62: Eine Bar mit Theke und einem Wanddurchbruch oberhalb einer Ablage; beide sind mit X-Block®-Bausteinen hergestellt. [Quelle: Pusch GmbH & Co. KG]

Die Vorgehensweise ist einfach. Eine X-Block®-Wand wird durch ein Rahmenprofil nach außen hin abgegrenzt. Zwischen den einzelnen X-Block®-Bausteinen gibt es senkrechte und waagerechte Dichtungsprofile, die für sicheren Halt sorgen. Wenn eine X-Block®-Wand in einem Feuchtraum (Bad, WC) errichtet werden soll, wird zusätzlich noch mit Silikonfugen abgedichtet. Die detaillierte Vorgehensweise ist in den Informationsblättern am Ende des Buchs (Anhänge 6, 7 und 8) nachzulesen.

Für die Beleuchtung der X-Block®-Wände gibt es prinzipiell vier verschiedene Möglichkeiten:

1. Fremdbeleuchtung von außen:

   Herkömmliche Beleuchtungseinrichtungen, wie z. B. Leuchtstofflampen, Neonröhren, LED-Strahler u. a., strahlen direkt oder indirekt auf die Wand. Dadurch wird diese sowohl von vorn beleuchtet als auch durchstrahlt.

2. Selbstbeleuchtung durch Lichtschläuche:

   In die Fugenkanäle der X-Block®-Wände werden bei der Montage Lichtschläuche eingelegt. Dadurch leuchtet die Wand von innen heraus und strahlt ihr Licht in beide Richtungen.

3. Selbstbeleuchtung durch Faserlichtsystem:

   In die Fugenkanäle der X-Block®-Wände werden Glasfasern bzw. Kunststofflichtleiterkabel, die von Licht durchstrahlt werden, bei der Montage mit eingelegt. Das Licht kommt von einem Lichtprojektor, der außerhalb der Wand installiert ist. Wenn der Lichtprojektor noch ein Farbrad besitzt, kann die Wand in einem ständig (oder auch nur nach Bedarf) wechselnden Farbenmeer von innen heraus beleuchtet werden.

4. Selbstbeleuchtung durch LEDs:

   In die Fugenkanäle der X-Block®-Wände werden bei der Montage LED-Leisten oder selbst zusammengelötete LED-Reihen eingelegt. Dadurch wird die Wand von innen heraus beleuchtet und strahlt ihr Licht ebenfalls in beide Richtungen ab. Mit LEDs kann man die fantasievollsten statischen und dynamischen Farbeffekte auf einfache Weise erzielen.

Wem die Farbenpalette nicht ausreicht, der kann die Bausteine mit transparenter Folie bekleben oder mit transparenten Farben bemalen. In den folgenden Unterkapiteln werden einige Grundrisszeichnungen gezeigt, die als Beispiele und Anregungen für eigene Ideen dienen.

4.1 Treppenaufgang

Treppen werden bei der Dekoration häufig vernachlässigt. Erst allmählich beginnen einige kreative Köpfe LED-Leisten an den Treppenstufen anzubringen und so die Stufen etwas ansehnlicher und schöner zu machen. Besonders bei offenen Treppen (siehe *Abb. 63*) kann man die Trittflächen hinten mit den X-Block®-Bausteinen abschließen und mit LEDs von innen her beleuchten (siehe *Abb. 64*). Solche beleuchteten Treppen werden durch das Farbenspiel auch von hinten betrachtet schöner.

Abb. 63: Offene Treppe

Abb. 64: Die nach hinten offenen Trittflächen sind mit jeweils einer Reihe X-Block®-Bausteinen abgeschlossen worden. Auch am obersten Tritt wurde eine Reihe X-Block®-Bausteine direkt auf die Betondecke montiert.

Auch die Seitenwände kann man mit diesen Bausteinen verschönern. Dazu werden sie direkt auf der Wand befestigt. Wer das nötige Kleingeld hat, kann die ganze Wand damit tapezieren. Aber auch mit nur ein oder zwei Bausteinreihen entlang des Treppenaufstiegs kann man gelungene Akzente setzen (siehe *Abb. 65*).

Abb. 65: Skizze mit Zwei Reihen X-Block®-Bausteine entlang der Treppenstufen

4.2 Wohnzimmer

Häufig werden Wohnbereich, Essbereich und Kochecke lediglich durch Möbel voneinander getrennt. Auch innerhalb des Wohnbereichs kommen meist nur Möbel als Raumteiler für z. B. Fernsehecke oder Sitzecke zum Zuge. Die Kochecke ist oftmals durch eine einfache Durchreiche oder eine Theke vom Essbereich getrennt. Mit den X-Block®-Bausteinen und jeder Menge LEDs kann man die einzelnen Bereiche durch selbstleuchtende Wände oder auch nur Wandabschnitte gegeneinander aufteilen (siehe *Abb. 66*). Ob es dabei eine Wand vom Boden bis zur Decke mit Durchreiche ist (siehe *Abb. 67*), eine Theke (siehe *Abb. 68*) oder auch nur ein paar halbhohe Wände – der Fantasie sind keine Grenzen gesetzt. Da die Bausteine transparent sind, erhält man zwar eine räumliche Trennung, hat aber trotzdem noch Sichtkontakt.

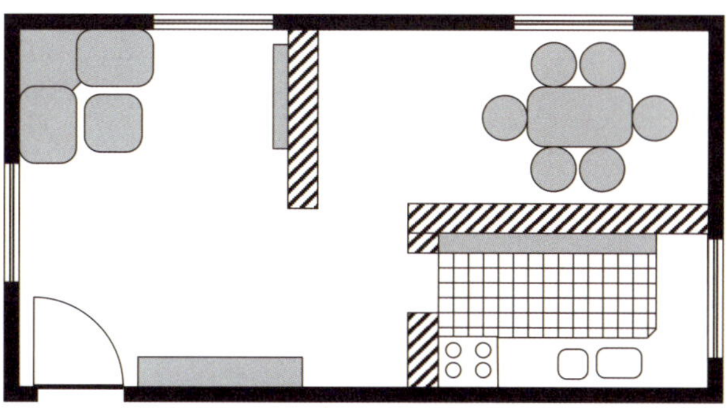

Abb. 66: Skizze für den Grundriss eines Wohn- und Esszimmers mit Kochecke. Die selbstleuchtenden Wände sind schraffiert gezeichnet.

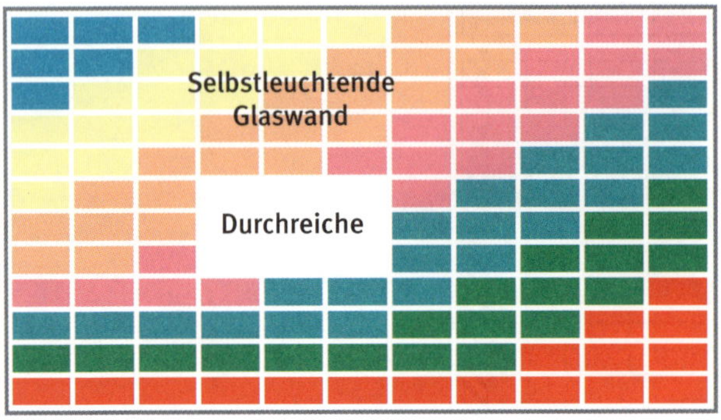

Abb. 67: Skizze einer selbstleuchtenden Wand mit Durchreiche zur Trennung zwischen Küche und Essbereich.

Abb. 68: Skizze einer selbstleuchtenden Theke zur Trennung zwischen Kochecke und Essbereich

4.3 Schlafzimmer

Auch im Schlafzimmer kann man so manche Idee mit selbstleuchtenden Wänden oder Wandabschnitten verwirklichen. Dazu gehört z. B. die Trennung von Garderobe und Schlafbereich (siehe *Abb. 69*). Eine weitere Möglichkeit besteht darin, die X-Block®-Bausteine in die Bettumrandung bzw. das Bettgestell zu integrieren (siehe *Abb. 70*). Doch nicht nur als Wand oder Möbelbestandteil lassen sich diese vielseitigen Bausteine verwenden, sondern auch als eine nicht alltägliche totale oder partielle Wandverkleidung (siehe *Abb. 71*), quasi als Ersatz für eine Tapete.

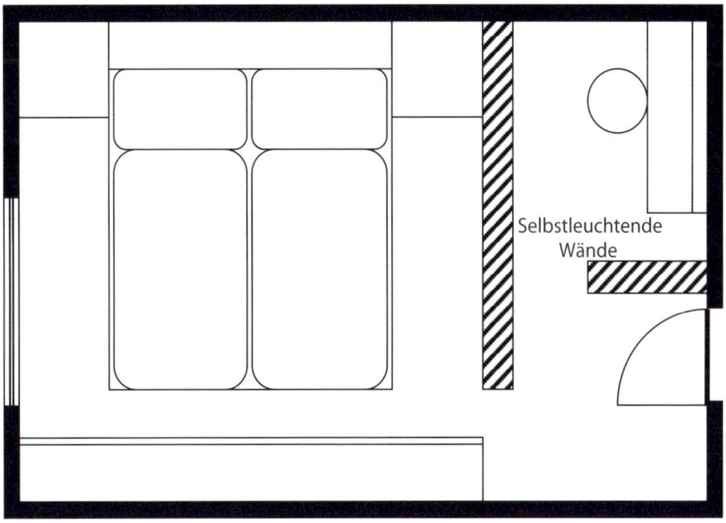

Abb. 69: Grundriss eines Schlafzimmers mit einer selbstleuchtenden Wand

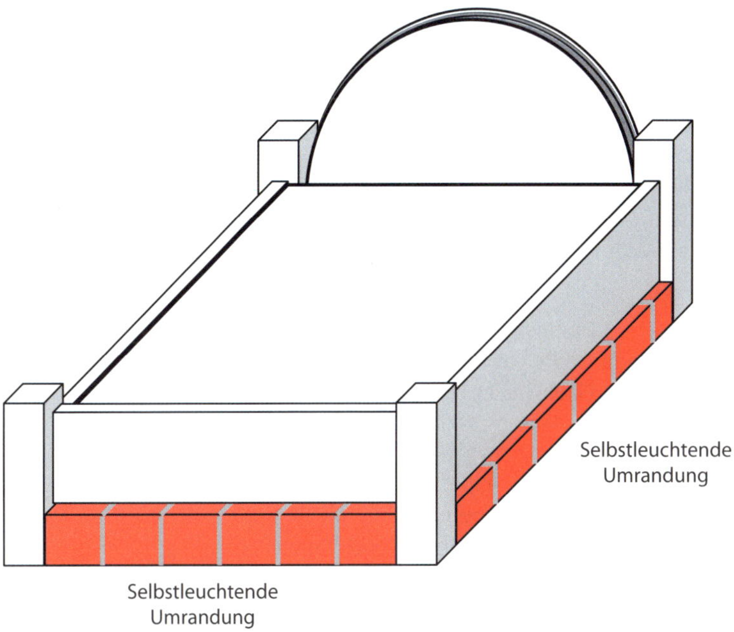

Abb. 70: Skizze eines selbstleuchtenden Bettgestells

Abb. 71: Partielle Wandverkleidung hinter einem Bett; auf der Wand wurde vorher ein Rahmen aufgemalt und zentriert wurden einige mit Glasfarbe lackierte X-Block®-Bausteine befestigt.

4.4 Kinderzimmer

Im Kinderzimmer gibt es jede Menge Spielsachen, Bücher und Hefte für die Schule, Comics, CDs, einen Schreibtisch, Kleiderschränke und ein Bett; neuerdings auch noch einen Computertisch und natürlich die Stereoanlage. Die Ausstattung variiert im Detail. Es kann angebracht sein, die einzelnen Raumbereiche durch selbstleuchtende Wände abzuteilen (siehe *Abb. 72*). Die Raumabteiler müssen nicht zwingend alle bis zur Decke reichen – halb- oder dreiviertelhohe Wände reichen oftmals auch schon aus. Dann kann man die Oberseiten zusätzlich als Ablage für leichte Gegenstände nutzen.

Manche Kinder mögen im Dunkeln nicht schlafen. Dann kann eine selbstleuchtende Wand hilfreich sein. Da man LEDs gut über den Strom dimmen kann, lässt sich die gewünschte Helligkeit individuell einstellen.

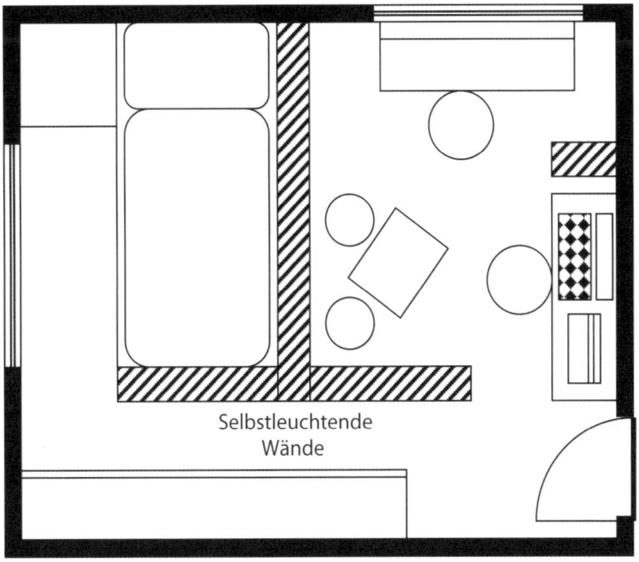

Abb. 72: Grundriss eines Kinderzimmers mit selbstleuchtenden Wänden zur Trennung der einzelnen Raumbereiche

4.5 Badezimmer

Auch im Badezimmer kann man mit selbstleuchtenden Wänden ein harmonisches Ambiente schaffen (siehe *Abb. 73*). Allerdings gelten hier für die Elektroinstallation besondere Vorschriften, da es sich um einen Feuchtraum handelt.

Anstelle einer herkömmlichen Duschkabine kann man X-Block®-Bausteine verwenden. Lediglich die Tür muss man auf herkömmliche Weise installieren. Wie die Duschwanne kann man auch die Badewanne weitgehend mit diesen Bausteinen ummauern. Allerdings muss man beachten, dass man die Badewanne auch putzen muss. Deshalb sollte man für den Einstiegsbereich etwas mehr Platz einplanen. Badewanne und Duschwanne erhalten einen besonderen Look, wenn der Installationsbereich der Wannen mit den X-Block®-Bausteinen umbaut wird – selbstverständlich mit integrierten LEDs.

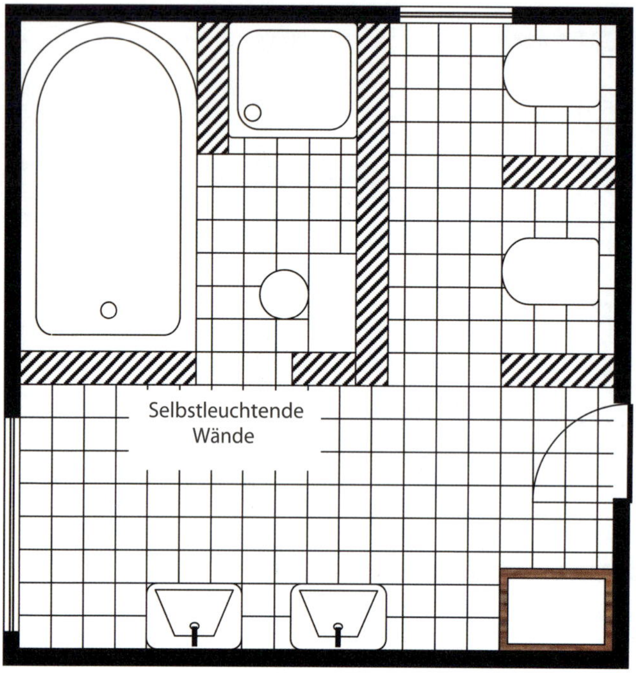

Abb. 73: Grundriss eines großen Badezimmers mit selbstleuchtenden Wänden zur Abgrenzung der einzelnen Bereiche.

Das hier vorgestellte X-Block®-Bausteinsystem wird von der Firma Pusch GmbH & Co. KG, Bereich: Baumarktprodukte, Bachstraße 6, 56242 Marienrachdorf, Telefon: 02626 92569-0, Fax: 02626 92569-29, E-Mail: info@x-block.com, Internet: http://www.x-block.com/ oder http://x-block.pusch-polymer.de/t3/x-block/ hergestellt. Das X-Block®-Bausteinsystem ist in vielen Baumärkten unter der Firma Polymer GmbH aus Weil am Rhein gelistet. Dort kann man sich auch über das Produkt näher informieren, Preise anfragen und bestellen.

5 LED-Projekte für die Gesundheit

Neben Beleuchtungs- und Dekorationszwecken dienen Leuchtdioden auch der Unterstützung des Wohlbefindens. Besonders die fernöstlichen Heilmethoden finden bei uns immer mehr Interessenten. Es gibt Gesundheitslehren, die davon ausgehen, dass unser Körper bestimmten Schwingungsmustern unterliegt, die eine Auswirkung auf das Wohlbefinden und die Gesundheit haben.

Eine besondere Disziplin, die sich damit befasst, ist das Global Scaling [3], begründet durch Dr. Müller. Eine der Schwingungsfrequenzen ist die 101-Hz-Protonenresonanzfrequenz. Werden Leuchtkörper mit exakt dieser Frequenz getaktet, idealerweise mit sinusförmigem Strom, hat das eine besonders harmonische Auswirkung auf unser Wohlbefinden. Deshalb sind Fernseh- und Computerbildschirme, die mit 100-Hz-Bildwiederholfrequenz arbeiten, besonders angenehm für unsere Augen. Ideal ist eine Bildwiederholfrequenz von 101 Hz.

Im Folgenden werden nun kurz ein paar einfache LED-Projekte vorgestellt, die mit eben dieser Protonenresonanzfrequenz von 101 Hz arbeiten. Solches Licht soll gegen Alterung und Zellschädigung wirken.

5.1 Bild mit Spiralstruktur

Bei diesem Projekt wird ein elektronisches Bild vorgestellt, das man sich an die Wand hängen oder auf den Schreibtisch stellen kann. Es kommen hier zahlreiche Standard-LEDs zum Einsatz, die mit ca. 101 Hz angesteuert werden. Die Anordnung der LEDs ist letzten Endes reine Geschmackssache. Die gezeigte spiralförmige Anordnung der LEDs stellt das Ganze etwas futuristisch dar. Wenn man das Bild an die Wand hängen möchte, sollte man ein flaches Gehäuse wählen. Problematisch ist dann aber, dass man ein externes Netzteil benötigt, z. B. ein Steckernetzgerät. Bei einem Tischgerät darf das Gehäuse auch etwas größer ausfallen, zumal dann weniger Platzprobleme für die Schaltung und besonders für das Netzteil auftreten.

In *Abb. 74* ist die Schaltung zu sehen. Sie wird mit Netzspannung betrieben. Der Transformator kann in einem Steckergehäuse untergebracht sein, was die Platinenarbeit wesentlich vereinfacht. Nach dem Brückengleichrichter befindet sich kein Glättungskondensator. Das ist bei dieser Beschaltung auch nicht erwünscht, da man die Netzfrequenz ausnutzen möchte. Diese besitzt bekanntlich 50 Hz und somit 50 positive und

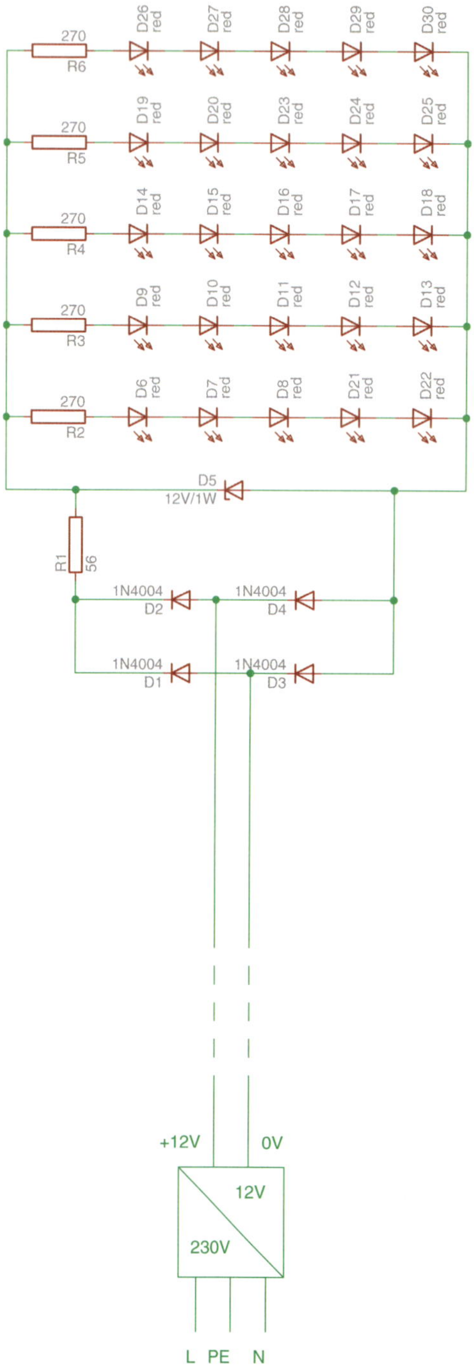

50 negative Halbwellen pro Sekunde. Nach der Brückengleichrichtung hat man 100 positive Halbwellen pro Sekunde, da die negativen hochgeklappt werden. Somit werden die LEDs mit einer Frequenz von 100 Hz angesteuert, was recht nah an den geforderten 101 Hz liegt. Da die Netzfrequenz einer Toleranz nach oben und unten unterliegt, kann man auf diese Weise ohnehin keine große Präzision erwarten. Sofern in der Nachbarschaft Solaranlagenbetreiber sind, die ihren Strom ins öffentliche Netz einspeisen, kann die Frequenz noch stärker schwanken, da die Wechselrichter oftmals keine Frequenzstabilisierung haben und zudem auch noch jede Menge Oberwellen erzeugen.

Die LEDs werden spiralförmig angeordnet. *Abb. 75* kann als Vorlage dienen. Am einfachsten baut man die Schaltung auf einer Lochrasterplatine auf, wo auch Widerstände und Dioden Platz finden. Wenn anstelle der roten LEDs andere Farben gewünscht werden, muss man den zugehörigen Vorwiderstand entsprechend anpassen. Gleiches gilt, wenn man einige LEDs durch IREDs (infrarot emittierende Dioden) ersetzen möchte, denn auch infrarotes Licht hat einen Einfluss auf unser Wohlbefinden – wenngleich unsere Augen diese Strahlung nicht direkt wahrnehmen können.

Abb. 74: Schaltplan für das Bild mit der Spiralstruktur

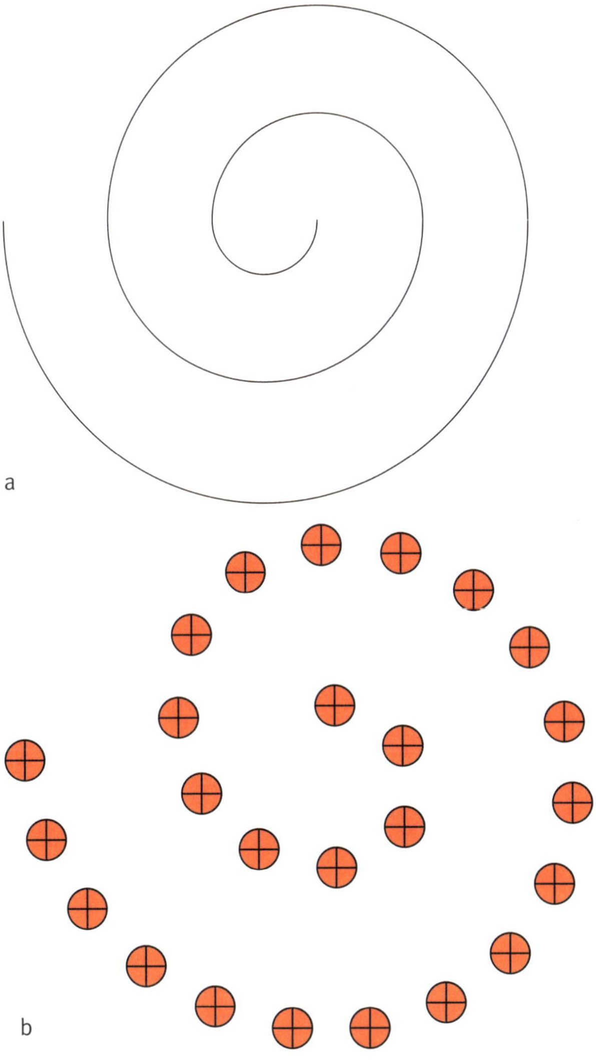

Abb. 75: Vorlage für eine spiralförmige Anordnung der LEDs; (a) allgemeine Spirale und (b) Platzierung der LEDs.

5.2 Bild mit Dreieckstruktur

Es werden nun generell zwei Typen von Leuchtdioden verwendet: rote LEDs und IREDs. Auch hier wird ein elektronisches Bild vorgestellt, das man sich an die Wand hängen oder auf den Schreibtisch stellen kann. Sowohl die roten als auch die infraroten LEDs sind gewöhnliche Standard-LEDs bzw. Standard-IREDS. Die Anordnung der LEDs ist reine

Geschmackssache. Bei diesem Projekt wurde ein Design mit einer Dreieckstruktur gewählt, wobei die Leuchtelemente mit einer variablen Frequenz betrieben werden.

In *Abb. 76 (a)* ist die Ansteuerschaltung und in *Abb. 76 (b)* die Treiberstufe für die im Dreieck angeordneten LEDs zu sehen. Die gesamte Schaltung wird mit einem 12-V-Akku betrieben. Das kann eine ganz normale 12-V-Autobatterie sein; hier wurde ein wartungsfreier Blei-Gel-Akku (12 V/1,8 Ah) verwendet.

Die Treiberstufe besteht im Wesentlichen aus zwei Einheiten: (i) den roten LEDs im linken Teil und (ii) den infraroten Dioden im rechten Teil des Schaltplans. Insgesamt werden 42 rote LEDs und 24 infrarote Dioden verwendet. Es werden jeweils fünf LEDs bzw. IREDs in Reihe geschaltet und entsprechend viele Pfade parallel betrieben. Angesteuert werden die Pfade über simple Transistorstufen mit T1 bis T11. Die roten LEDs sind mit dem Anschluss C von der Ansteuerschaltung verbunden und die IREDS mit dem Anschluss D.

Die Ansteuerschaltung besteht aus zwei Oszillatoren, deren Kernbaustein jeweils der weltbekannte Universaltimer 555 (ICA und ICB) ist. Mit ihm lassen sich viele verschiedene Zeitfunktionen verwirklichen. Pin 1 ist der Masseanschluss und an Pin 8 wird die positive Betriebsspannung angelegt. Beide Oszillatoren (A und B) sind gleich aufgebaut und haben auch die gleiche Bauteilbezeichnung, die sich lediglich durch die Zusätze A und B unterscheidet. Deshalb ist in der folgenden Schaltungsbeschreibung der Zusatz weggelassen (z. B. statt R2A nur R2).

Der Kondensator C1 wird über R2, D2 und R4 aufgeladen. Bei Erreichen der oberen Schwellenspannung, die bei 2/3 der Betriebsspannung liegt, schaltet ein interner Transistor den Pin 7 nach Masse und entlädt dabei den Kondensator C1 über R4, R3 und D3. Bei Erreichen der unteren Schwellenspannung, die bei 1/3 der Betriebsspanung liegt, hört das Entladen auf, weil Pin 7 hochohmig wird; der nächste Ladezyklus beginnt. Durch das Diodennetzwerk mit D2 und D3 wird erreicht, dass Lade- und Entladezyklen gleiche Zeiten beanspruchen.

Damit das IC den Ladezustand von C1 kennt und entscheiden kann, wann der obere bzw. untere Schwellenwert erreicht ist, sind zwei Fühler-Pins vorhanden. Pin 2 erkennt, wann der untere Schwellenwert unterschritten wird; Pin 6 erkennt, wann der obere Schwellenwert überschritten wird. Während des Ladezyklus führt Ausgang Pin 3 positive Betriebsspannung, während des Entladezyklus liegt hier Massepotenzial an. Somit pulsiert Ausgang Pin 3 im Rhythmus der Frequenz.

Diese wird durch die Lade- und Entladezeit bestimmt. Beide Zeiten sind gleich groß, außerdem ist R2 = R3. Deshalb ist die Periodendauer T = 1,4 (R2 + R4) C1, woraus sich die Frequenz als Kehrwert berechnet: f = 1 / T = 1 / 1,4 (R2 + R4) C1. Wenn man nun die vorgesehenen Werte für R2, R4 und C1 einsetzt und dabei für R4 den Stellbereich des Potenziometers berücksichtigt, erhält man rein rechnerisch einen Frequenzbereich von 7,1 Hz bis 3,2 kHz. Es handelt sich deshalb nur um einen rein rechnerischen Wert, weil in der Praxis wegen der Bauteiltoleranzen zum Teil erhebliche Abweichungen auftreten.

An Pin 5 kann man, wenn einem die interne 1/3- und 2/3-Teilung der Betriebsspannung nicht gefällt, eine Vergleichsspannung anlegen. Dies ist aber nur selten nötig. Deshalb wird Pin 5 wechselstrommäßig mit C2 nach Masse kurzgeschlossen, womit das IC am Schwingen gehindert wird.

Oszillator A mit seinem Ausgang D steuert die IRED-Treiberstufe an, Oszillator B mit seinem Ausgang C die roten LEDs.

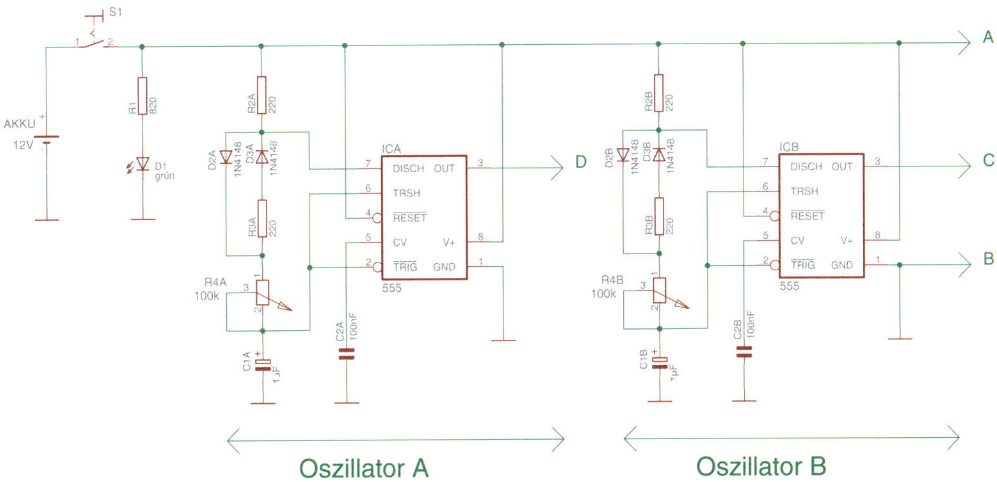

Abb. 76 (a): Schaltplan der Oszillatorstufe für das Bild mit der Dreieckstruktur

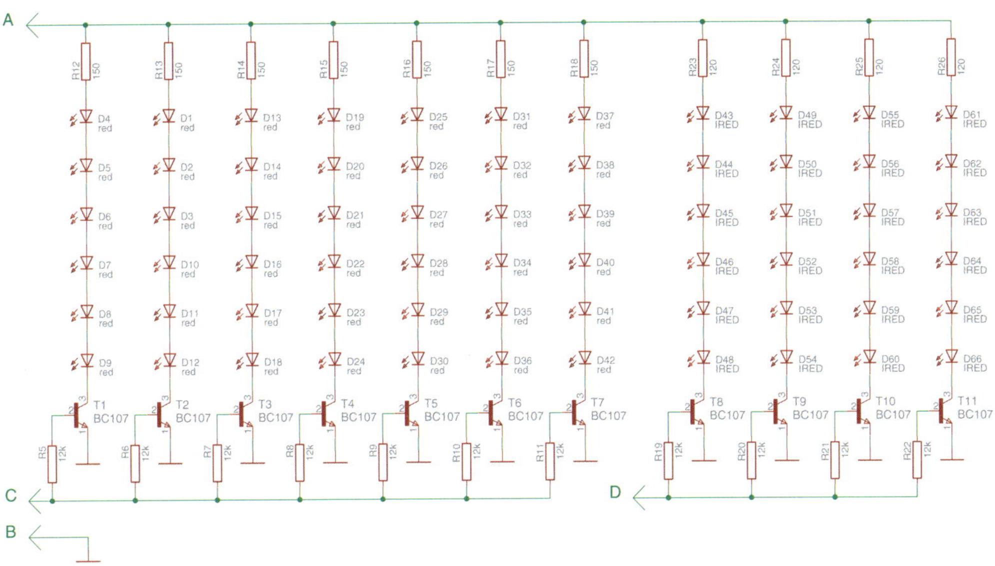

Abb. 76 (b): Schaltplan der Treiberstufen für das Bild mit der Dreieckstruktur

Die roten LEDs und die IREDs werden nach *Abb. 77* abwechselnd in Form eines Dreiecks angeordnet. Dadurch entsteht die abwechselnde Reihenfolge (von außen nach innen): rotes Dreieck – infrarotes Dreieck – rotes Dreieck – infrarotes Dreieck.

Bei diesem Projekt kann man die Frequenz der IREDs und der roten LEDs jeweils getrennt mit den Potis R4A und R4B variieren. Im einstellbaren Frequenzbereich liegt auch die 101-Hz-Protonenresonanzfrequenz.

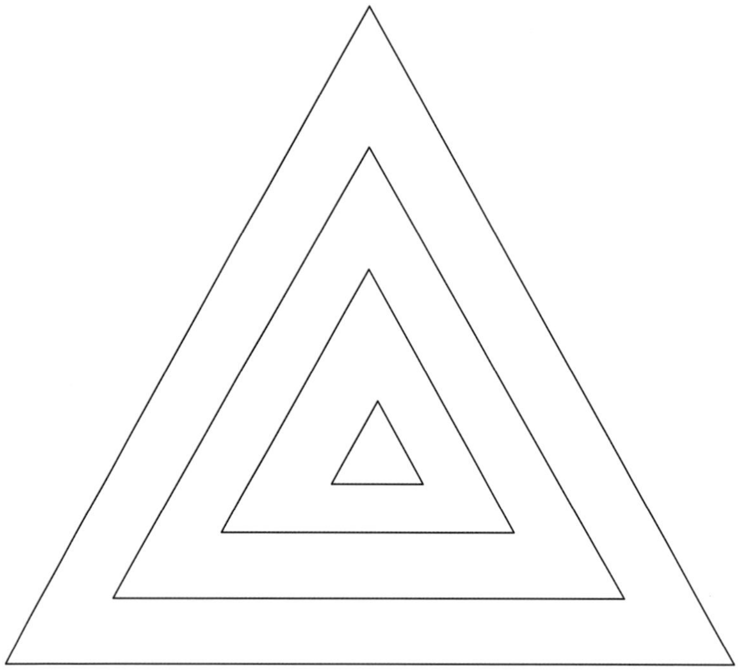

a

Abb. 77 (a): Allgemeine Vorlage für eine dreieckförmige Anordnung der LEDs und IREDs

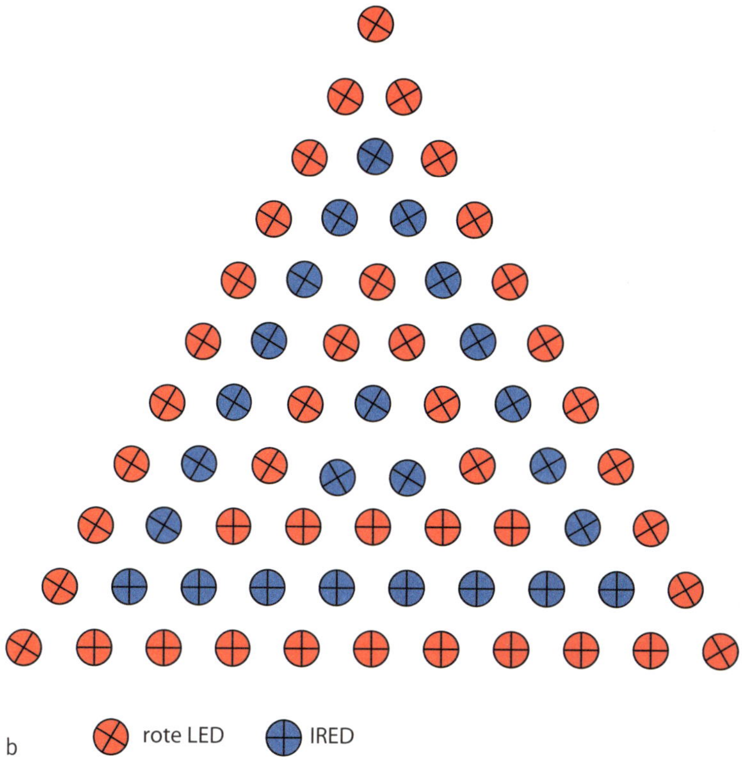

Abb. 77 (b): Platzierung der dreieckförmig angeordneten LEDs und IREDs.

5.3 3-D-Objekt

Dieses Projekt ist in erster Linie für die gedacht, die sich mit außergewöhnlichen Phänomenen befassen. Man kann es aber auch ganz nüchtern als einen nicht alltäglichen Dekorationsgegenstand betrachten.

Es handelt sich dabei um ein flaches Gehäuse, in dem die nötige Elektronik integriert ist, und eine aufgesetzte Pyramide (siehe *Abb. 78*). Die Pyramide ist schnell mit massivem Kupferdraht zusammengelötet. Innerhalb der Grundfläche der Pyramide sind einige rote LEDs angeordnet. Die LEDs werden hier ebenfalls wieder von einer Oszillatorstufe mit einstellbarer Frequenz angesteuert (siehe *Abb. 79*); Schaltungsbeschreibung siehe vorhergehendes Projekt.

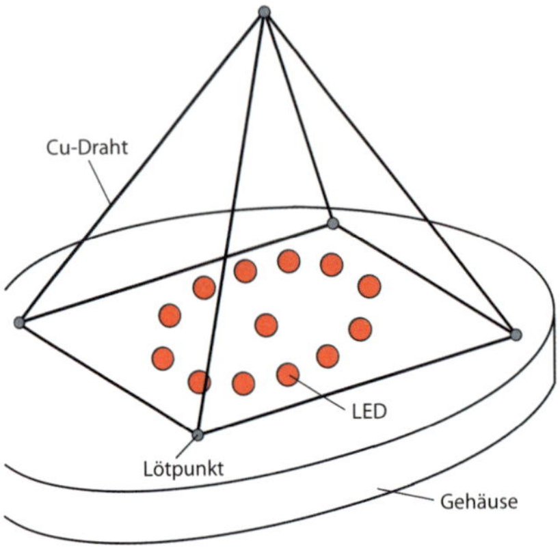

a

Abb. 78 (a): Skizze des 3-D-Objekts mit Drahtpyramide

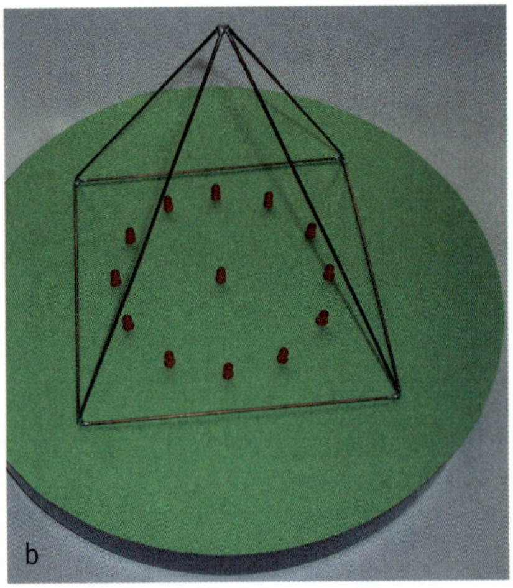

Abb. 78 (b): Realer Aufbau des 3-D-Objekts; deutlich sind die kreisförmig angeordneten LEDs in der Basis der Pyramide zu sehen.

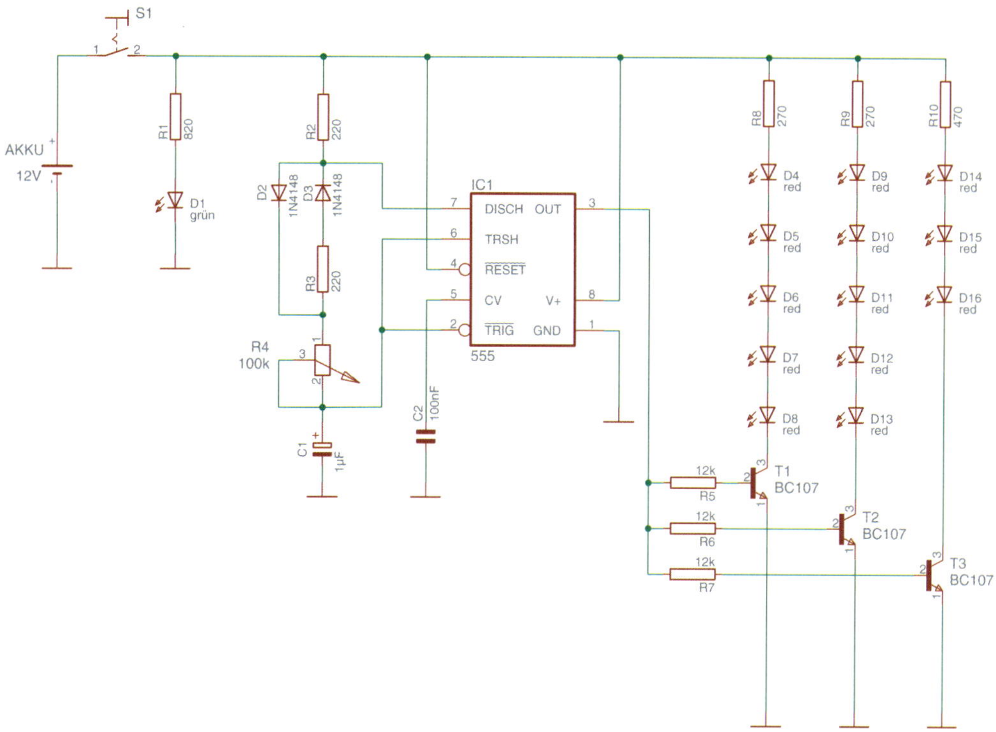

Abb. 79: Schaltung für die Ansteuerung der LEDs

6 Spielzeuge

Kinder können Gefahrensituationen noch nicht richtig einschätzen. Deshalb ist es bei den folgenden Projekten wichtig, dass für Kinder keine Verletzungsgefahr besteht und dass sie die Bauteile auch nicht verschlucken können.

6.1 Dreirad und Co.

Dreiräder und andere Spielfahrzeuge gibt es in den unterschiedlichsten Ausführungen und Ausstattungen (siehe *Abb. 80*). Manche enthalten sogar ein wenig Elektrik, wie z. B. für den Blinker, eine Warnblinkanlage oder ein einfaches Rücklicht. Doch längst nicht alle haben diese Sonderausstattung.

Abb. 80: Eine kleine Auswahl von (a) Dreirädern und (b) sonstigen Spielfahrzeugen

Wie man die einzelnen Baugruppen am Dreirad anbringt, hängt vom Modell ab. Deshalb wird im Rahmen dieses Buchs nicht konkret darauf eingegangen, sondern es werden grundlegende Planungs- und Schaltungstipps gegeben und gezeigt, wo man die Baugruppen anbringen kann (siehe *Abb. 81*). An erster Stelle steht hierbei immer die Sicherheit. Man muss darauf achten, dass sich niemand an den angebrachten Einrichtungen verletzen kann. Jede scharfe Kante, jede hervorstehende Schraube und viele weitere Dinge können Unfall- oder Verletzungsursache sein. Deshalb muss man schon bei der Planung mit besonderer Vorsicht vorgehen.

Abb. 81: Vorschläge für Stellen, an denen man Baugruppen anbringen kann: (A) und (B) Schalter für die gesamte Elektrik, (C) elektronisches Display, (D) Vorderscheinwerfer, Blinker und Nummernschild, (E) Rücklichter, Blinker und Nummernschild, (F) Schalter für Bremslicht.

Schaltungstechnisch am einfachsten ist das Bremslicht (siehe *Abb. 82*). Es besteht im Wesentlichen aus der Stromversorgung, einem Schalter und ein paar LEDs samt Vorwiderständen. Der Schalter muss am Bremshebel angebracht werden, was mechanisch am aufwendigsten sein dürfte und von der jeweiligen Fahrzeugkonstruktion abhängt.

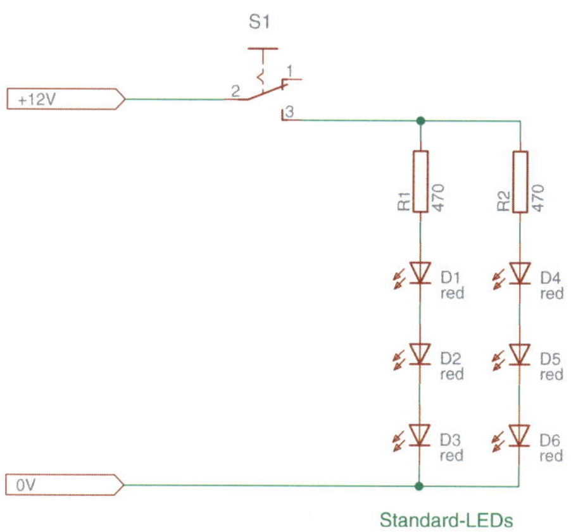

Abb. 82: Schaltung für ein Bremslicht

Die nächste Schaltung ist besonders für Kinder interessant: der Fahrtrichtungsanzeiger (siehe *Abb. 83*) gemeinhin „Blinker“ genannt. Neben der Stromversorgung werden noch ein Taktgeber, ein Schalter mit Mittelstellung und ein paar LEDs benötigt. Anstelle eines Schalters mit Mittelstellung kann man auch zwei einfache Schalter verwenden. Im ersten Fall lernt das Kind bereits, dass ein Schalter vorhanden ist, mit dem man beide Fahrtrichtungen einschaltet, genauso wie bei einem Fahrzeug für Erwachsene auch. Allerdings geht der Schalter nicht automatisch wieder in die Ruhestellung zurück. Ein wahrer Tüftler findet aber auch hier eine Lösung. Bei der hier vorgestellten Schaltung werden zwei Schalter verwendet. Für die Warnblinkanlage wird ein weiterer Schalter benötigt.

Wenn zwei separate Schalter verwendet werden, kann man jeweils einen auf jeder Seite der Lenkstange anbringen. Der Schalter auf der linken Seite schaltet den linken Blinker ein und der Schalter auf der rechten Seite den rechten. Das Kind findet bei der letzten Variante eher eine korrekte Zuordnung. Wenn beide Schalter gleichzeitig eingeschaltet sind, blinken auch beide Seiten gleichzeitig, wodurch man ohne zusätzlichen Schaltungsaufwand eine Warnblinkeinrichtung erzeugen kann.

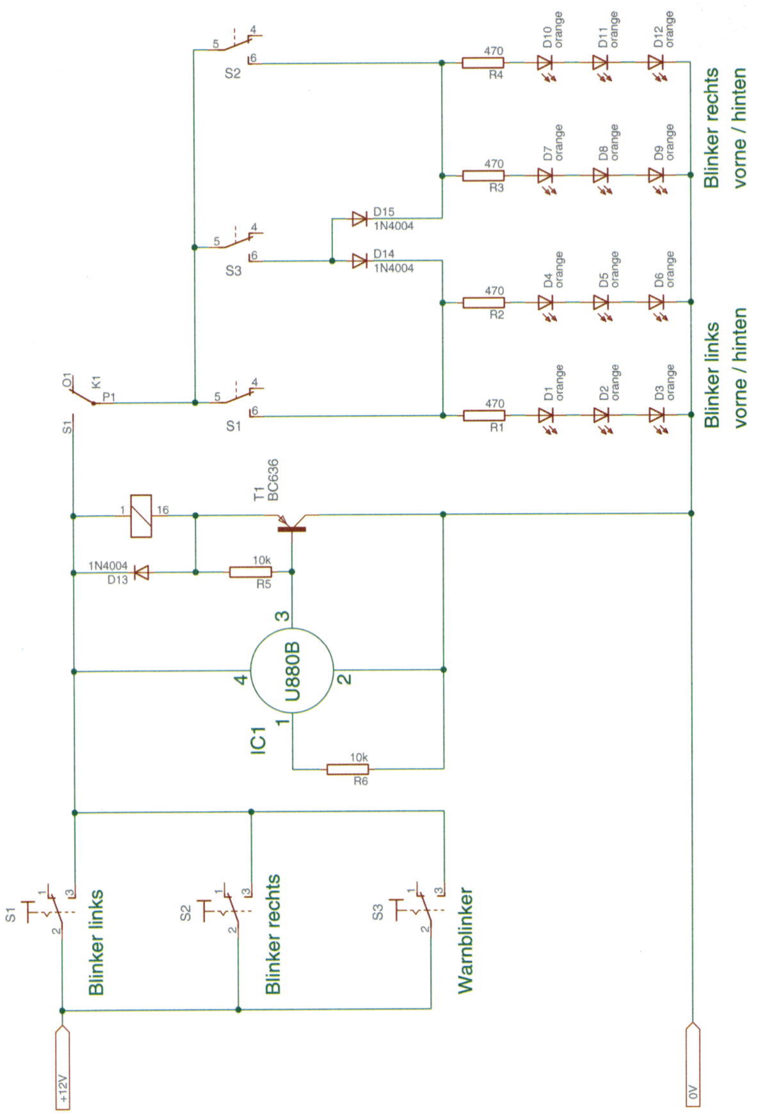

Abb. 83: Schaltung für den Blinker und die Warnblinkanlage

Die Scheinwerfer kann man zwar auch mit mehreren einzelnen LEDs selbst zusammenbauen – ob sich das im Einzelfall lohnt, ist aber fraglich. Meist ist es sinnvoller, fertige LED-Strahlerlampen für 12 V Betriebsspannung zu verwenden (siehe *Abb. 84*). Vorn werden weiße, hinten rote LED-Strahlerlampen verwendet. Der Schalter wird entweder an der Lenkstange oder an einer anderen geeigneten Stelle angebracht (abhängig vom verwendeten Fahrzeug). Wer möchte, kann auch noch auf die gleiche Weise weitere Scheinwerfer und Schalter für Fernlicht, Abblendlicht, Nebelscheinwerfer und Standlicht anbringen.

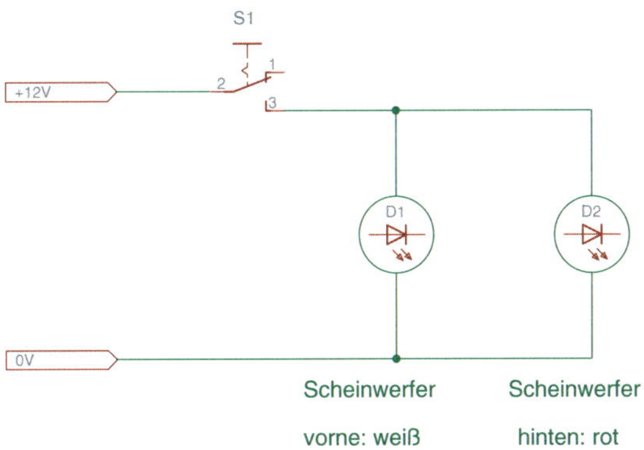

Abb. 84: Schaltung für die Scheinwerfer

Vielleicht träumt ein Kind auch von einem Tachometer. Es wird aber vermutlich nicht die echte Geschwindigkeit ablesen, sondern vielmehr einen Zeigerausschlag sehen wollen, sobald sich das Fahrzeug bewegt. Es gibt viele Möglichkeiten, einen solchen „Pseudo"-Tachometer aufzubauen. Zwei Varianten werden hier kurz vorgestellt. Die erste Variante ist ein Lauflichtgenerator, bei dem immer nur eine von zehn LEDs leuchtet (siehe *Abb. 85 a*). Werden sie hintereinander im Halbkreis angeordnet (wie die Skala bei einem echten Tacho), entsteht der Eindruck, dass die Geschwindigkeit des Fahrzeugs von Null auf 100 % beschleunigt und dann wieder bei Null anfängt. Als Oszillator dient das CMOS-IC 4060, das an seinen 10 Ausgängen die unterschiedlich weit heruntergeteilte Oszillatorfrequenz zur Verfügung stellt. IC2, ein Dekadenzähler, ist ebenfalls ein CMOS-Schaltkreis, der als eigentlicher Lauflichtgenerator wirkt. Angesteuert wird er von einem der zehn frei wählbaren Ausgänge der Oszillatorstufe (IC1). Die Wahl des Ausgangs bestimmt, wie schnell das Lauflicht wandert. Bei dieser Variante besteht somit keinerlei Zusammenhang zwischen der Geschwindigkeit des Fahrzeugs und der LED-Anzeige.

Die zweite Variante hingegen zeigt zumindest einen Trend der Geschwindigkeit an (siehe *Abb. 85 b*). Das IC D630P ist ein analoger Spannungsindikator mit Balkenanzeige. Im Spannungsindikator ist, neben 10 LEDs, noch die Auswerte-Elektronik integriert. Sie wird direkt mit einer Spannung von 12 V versorgt; der Eingang verträgt eine Spannung von bis zu maximal +5 V. Wenn die Eingangsspannung 0 V beträgt, leuchtet keine LED. In Schritten von jeweils +100 mV leuchtet jeweils eine weitere LED zusätzlich auf. Bei einer Eingangsspannung von +1.000 mV leuchten somit alle 10 LEDs. Um festzustellen, wie schnell das Fahrzeug fährt, wird ein kleiner Dynamo verwendet. Den Dynamo kann man mit einem kleinen Solarmotor oder einem anderen kleinen Motor und aufgesetztem Gummirädchen selbst zusammenbasteln. Sobald sich das Fahrzeug bewegt, liefert der Dynamo eine Spannung, die anschließend das IC direkt ansteuert. Wenn der Dynamo eine zu große Spannung liefert, muss man noch einen Spannungsteiler (am besten mit Trimmpoti) installieren. Der Kondensator C1 dient nur zur Glättung der Spannung. Die Diode D1 ist lediglich als Verpolschutz gedacht, falls der Dynamo eine Gleichspannung liefert, bzw. als Gleichrichter, falls der Dynamo eine Wechselspannung liefert. Das hängt allein davon ab, was für einen Motor man als Dynamo verwendet. D2 dient als einfacher Überspannungsschutz. Wenn man weiß, dass der Dynamo niemals eine größere Spannung als 5 V liefert, kann man auf D2 auch verzichten.

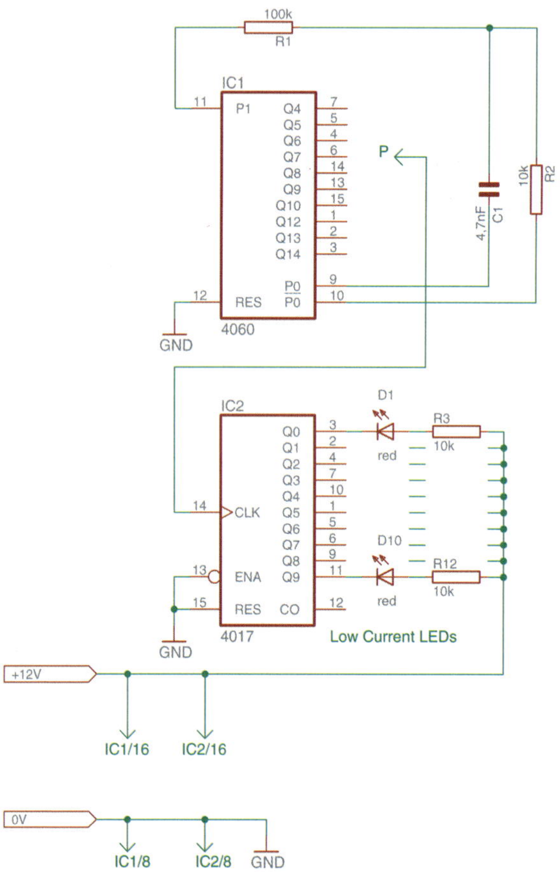

Abb. 85 (a): Einfache Schaltung für einen „Pseudo“-Tachometer

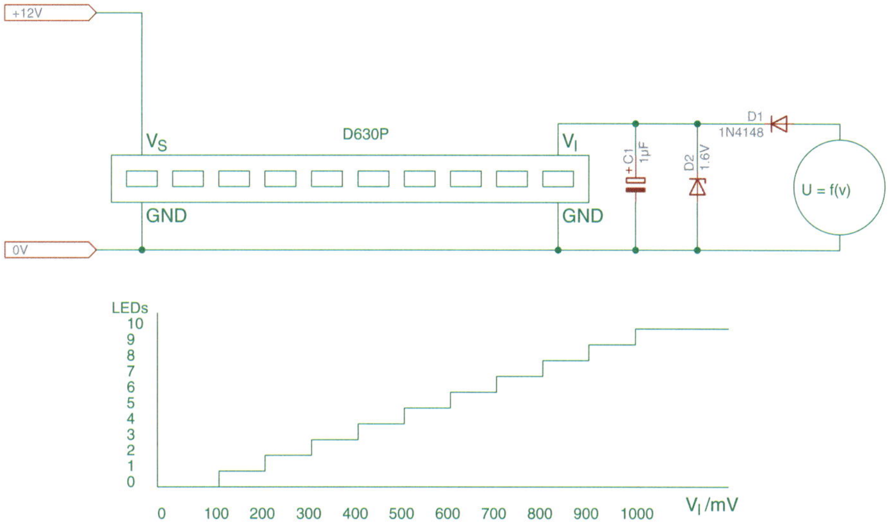

Abb. 85 (b): Schaltung für einen einfachen Tachometer

Was im realen Straßenverkehr verboten ist, ist im Kinderzimmer (meistens) erlaubt. Gemeint ist das selbst kreierte Nummernschild mit LEDs. Ohne allzu großen Aufwand zu betreiben, werden die LEDs samt Vorwiderständen auf eine Lochrasterplatine gelötet (Schaltung siehe *Abb. 86*). Damit das Ganze sauber aussieht, wird auf die Bestückungsseite der Platine ein Stück weißes (oder nach Bedarf auch andersfarbiges) Papier oder Kunststofffolie geklebt. An den Stellen, wo die LEDs eingesetzt werden sollen, müssen Löcher gebohrt werden. Nachdem die LEDs bestückt und gelötet sind, werden die Vorwiderstände direkt auf der Lötseite angelötet (siehe *Abb. 87*). Wer möchte, kann das Nummernschild auch blinkend oder mit Lauflicht und LED-Umrandung aufbauen. Der Fantasie sind keine Grenzen gesetzt.

Bevor man auch nur eine LED zum Leuchten bringen kann, benötigt das Fahrzeug noch eine passende Stromversorgung. Dazu kommen eigentlich nur zwei Möglichkeiten in Betracht: Primär- oder Sekundärelemente. Wenn man nur wenige Anwendungen hat, mögen Primärelemente noch gerechtfertigt sein. In den meisten Fällen dürften aber Sekundärelemente die bessere Lösung sein. Deshalb benötigt man einen passenden Platz, an dem man die Batterie unterbringen kann – selbstverständlich kindgerecht, also ohne ein zusätzliches Gefahrenpotenzial zu generieren. Deshalb eignen sich dafür am besten geschlossene Gelakkus. Offene Akkus (Autobatterien) sollte man auf keinen Fall verwenden. Wenn das Fahrzeug eine Ladefläche hat, kann man darin ein Gehäuse mit der Energieversorgungseinheit unterbringen. Ansonsten muss man versuchen, das Gehäuse am Gestänge zu montieren. Aber auch hier gilt: Vorsicht! Es darf keine Verletzungsgefahr für das Kind entstehen!

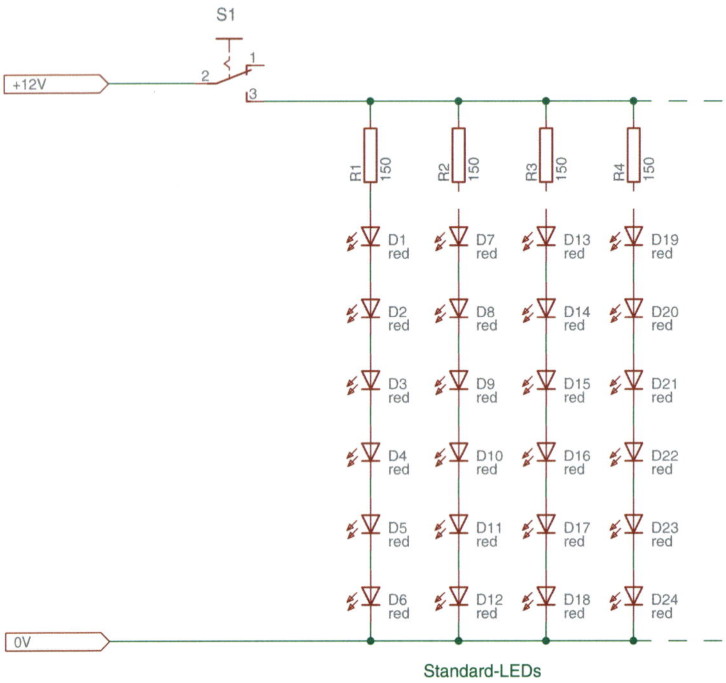

Abb. 86: Schaltung für ein einfaches Nummernschild mit LEDs; die Anzahl der LED-Pfade hängt vom Umfang der Darstellung ab.

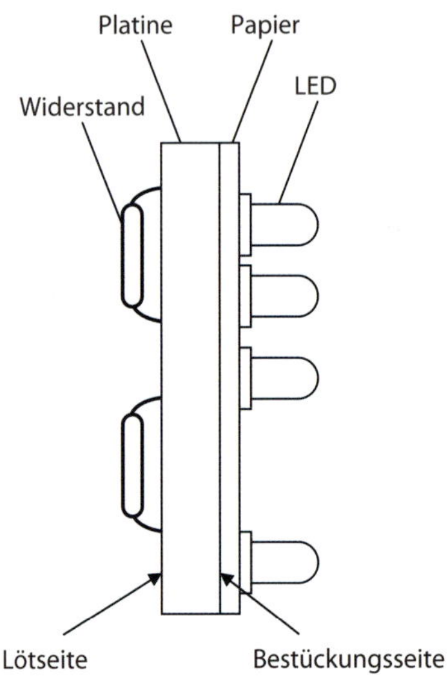

Abb. 87: Montage der Bauteile für das Nummernschild.

Schaltungstechnisch benötigt man Verteilerschienen und Sicherungen (siehe *Abb. 88*). Wer möchte, kann auch noch Schalter für die einzelnen Ausgänge integrieren. Zu überlegen ist noch, ob man das Gestänge des Fahrzeugs für das Massepotenzial verwendet, wodurch nur noch jeweils ein Draht zu den Verbrauchern erforderlich ist. Wenn man lieber kein Massepotenzial am Gestänge haben möchte, muss man eben jeweils zwei Drähte verlegen.

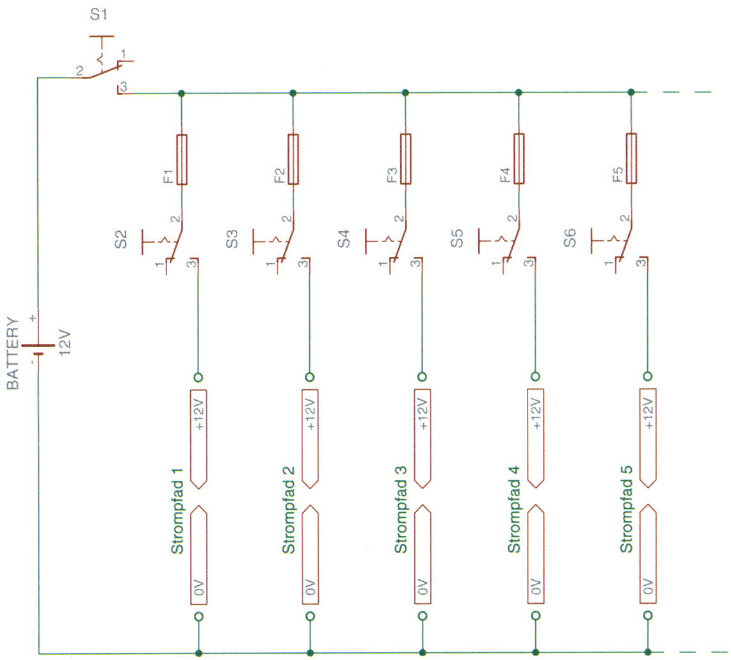

Abb. 88: Schaltung für die Energieversorgungseinheit

Beachten Sie: Bei Kindern muss man erhöhte Sicherheitsmaßnahmen ergreifen! Dies gilt sowohl im Hinblick auf die Verletzungsgefahr bei der verwendeten Technik als auch auf das Verhalten der Kinder mit dem Fahrzeug.

6.2 Modellbau

Auch im Modellbau lassen sich LEDs vorzüglich einsetzen. Man muss allerdings vorsichtig sein und zwei Personengruppen unterscheiden:

1. Anhänger des reinen Modellbaus, die nur reale große Objekte (Gebäude, Fahrzeuge, Flugzeuge ...) im kleinen Maßstab nachbauen und dabei großen Wert auf Detailtreue legen.

2. Liebhaber von Modellen, die weniger Wert darauf legen, ob die Modelle exakt maßstabs- und detailgetreu mit den Originalen übereinstimmen.

Während die erste Gruppe keine Toleranz gegenüber Abweichungen zwischen dem Modell und dem Original zulässt, denkt die zweite Gruppe auch mal darüber nach, ob ein Modell mehr oder weniger variiert werden kann. Der letzten Gruppe kommt es gelegen, in ihre Modelle die eine oder andere LED einzubauen. Welche Möglichkeiten es dafür gibt, wird im Folgenden anhand von ein paar Ideen kurz vorgestellt.

Abb. 89 zeigt stellvertretend eine kleine Auswahl von möglichen Modellen.

Abb. 89: Ausgewählte Exemplare aus dem Reich des Modellbaus

Eine naheliegende Idee ist es, ins Cockpit eines Flugzeugs eine kleine LED (SMD-Bauform) zu integrieren – am besten so, dass man die Elektrik nicht sieht und der Modellcharakter weitestgehend erhalten bleibt. Da man in den Modellen meist nur sehr wenig Platz hat, wird man zur Stromversorgung entweder nur eine Knopfzelle installieren oder dünnen Schaltdraht durch die Basisplatte in der Vitrine einführen und ein Netzgerät verwenden. Den Vorwiderstand muss man ebenfalls noch unterbringen – entweder im Flugzeugrumpf oder im Sockel der Vitrine.

Wer es gerne ausgefallener haben möchte, kann mit LEDs auch eine extravagante Rumpfbeleuchtung erzeugen. Früher waren die Flugzeugteile des Rumpfs genietet. Man stelle sich vor, wie ein Modell aussehen würde, wäre es da, wo Nieten vorhanden sind, mit Miniatur-LEDs versehen ...

Wer hat nicht schon Papierflieger zusammengefaltet? Manche haben gute und andere eher schlechte Flugeigenschaften. Wer Papierflieger in einer Vitrine aufstellt und sie anleuchtet, wird erkennen, dass man selbst mit ihnen oder anderen Papiermodellen faszinierende Effekte erzielen kann. Durch geschicktes Falten kann man kleine Hohlräume im Flieger schaffen, in die LEDs samt Vorwiderständen und Knopfzellen integriert werden können. Selbst wenn die LEDs von außen nicht sichtbar sind, durchleuchten sie das Papier (siehe *Abb. 90*). Je nachdem, wie viele Papierschichten das Licht durchdringen muss, kommen dadurch Lasierungseffekte zur Geltung, die unterschiedliche Helligkeitsgrade erzeugen.

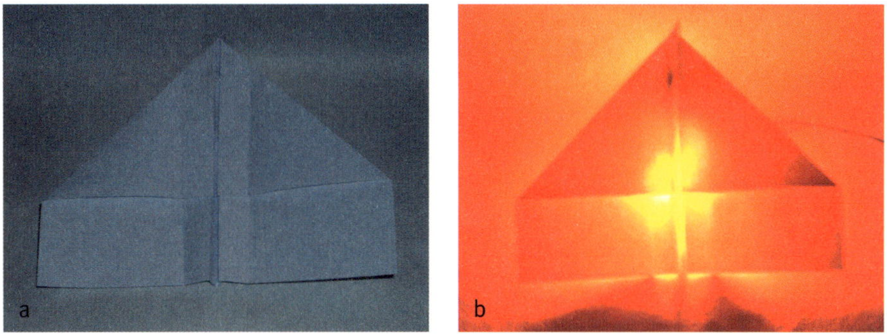

Abb. 90: Papierflieger mit LED-Beleuchtung, (a) bei Tageslicht und (b) bei Dämmerung.

Was bisher für Flugzeugmodelle vorgestellt wurde, gilt natürlich auch für alle anderen Arten von Modellen.

Gerne werden die Modelle in der Vitrine platziert und mit Strahlerlampen angeleuchtet. Alternativ kann man auch am Boden der Vitrine einige hocheffiziente LEDs anbringen, die das Modell von unten her anleuchten. Das Gleiche gilt auch für die Rückwand, die Decke und, falls vorhanden, die Seitenwände der Vitrine. Dadurch lassen sich besondere Licht- und Schatteneffekte erzeugen. Außerdem bieten LEDs die Möglichkeit, mit verschiedenen Farben zu experimentieren. Neben statischen Farben (immer dieselbe Farbe) lassen sich auch dynamische Farben (Farbwechsel) generieren. Siehe hierzu auch Kapitel 12.

6.3 Chinesisches Schattentheater

Mit moderner LED-Technologie kann man viele interessante Licht- und Schatteneffekte erzielen. Nicht nur für den Kindergeburtstag, sondern auch für so manche Erwachsenenveranstaltung kann Schattentheater ein gelungener Programmpunkt sein.

Das chinesische Schattentheater ist eine Sonderform des Puppentheaters und von großer Bedeutung für die chinesische Kultur. In China ist das Schattenspiel eine wichtige Kunstform, bei der zweidimensionale Figuren, die meist transparent sind, vor einer Lichtquelle bewegt werden. Dicht vor den Figuren (aus Sicht des Publikums) befindet sich ein Schirm, auf den die Umrisse der Figuren projiziert werden. Die Figuren und die Kulissen des originalen chinesischen Schattentheaters sind sehr filigran aufgebaut, wobei die Figuren meist aus mehreren Teilen zusammengesetzt sind, die von den Spielern über dünne Stäbe bewegt werden können.

Man kann sich auch mit einer vereinfachten Version begnügen. Für die Bühne wählt man nach *Abb. 91* einen Holzrahmen aus Vierkanthölzern und bespannt ihn mit einem weißen Tuch. Alternativ kann man auch Papier verwenden. Wenn man diesen Schirm gegen das Licht und die Hand dahinter hält, hebt sich der Schatten deutlich vom Umfeld ab. Falls dies nicht der Fall ist, muss ein anderes Tuch oder Papier verwendet werden. Die Abmessungen des Rahmens können individuell festgelegt werden. Damit der Rahmen stehen bleibt, wird unten noch eine Sockelplatte montiert, damit man ihn auf einen Tisch stellen kann. Weiter hinten wird ein LED-Strahler (oder auch mehrere) montiert. Werden verschiedenfarbige LED-Strahler verwendet, kann man während des Puppenspiels zusätzlich noch mit Farbeffekten arbeiten.

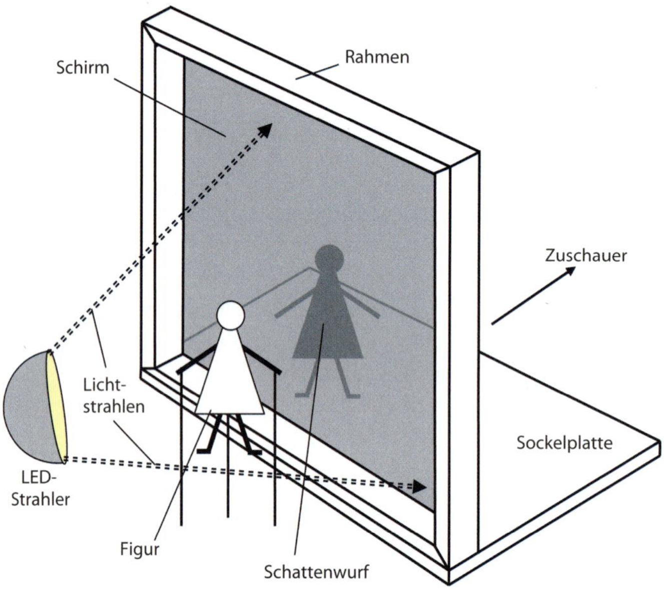

Abb. 91: Skizze einer Bühne für das chinesische Schattentheater

Die Figuren (siehe *Abb. 92*) schneidet man aus Karton aus. Man kann die Figuren auch aus massivem Draht zusammenbiegen und den Zwischenraum mit farbigem Pergamentpapier bekleben. Gliedmaßen werden mit Nieten (z. B. von Versandtaschen) beweglich am Rumpf befestigt. Der Rumpf und die einzelnen Gliedmaßen werden noch mit jeweils einem dünnen Draht verbunden. Dabei dient der Rumpfdraht zum Halten der Figur, die anderen Drähte zum Bewegen der Gliedmaßen. Die Länge dieser Drähte hängt davon ab, wie hoch die Bühne steht.

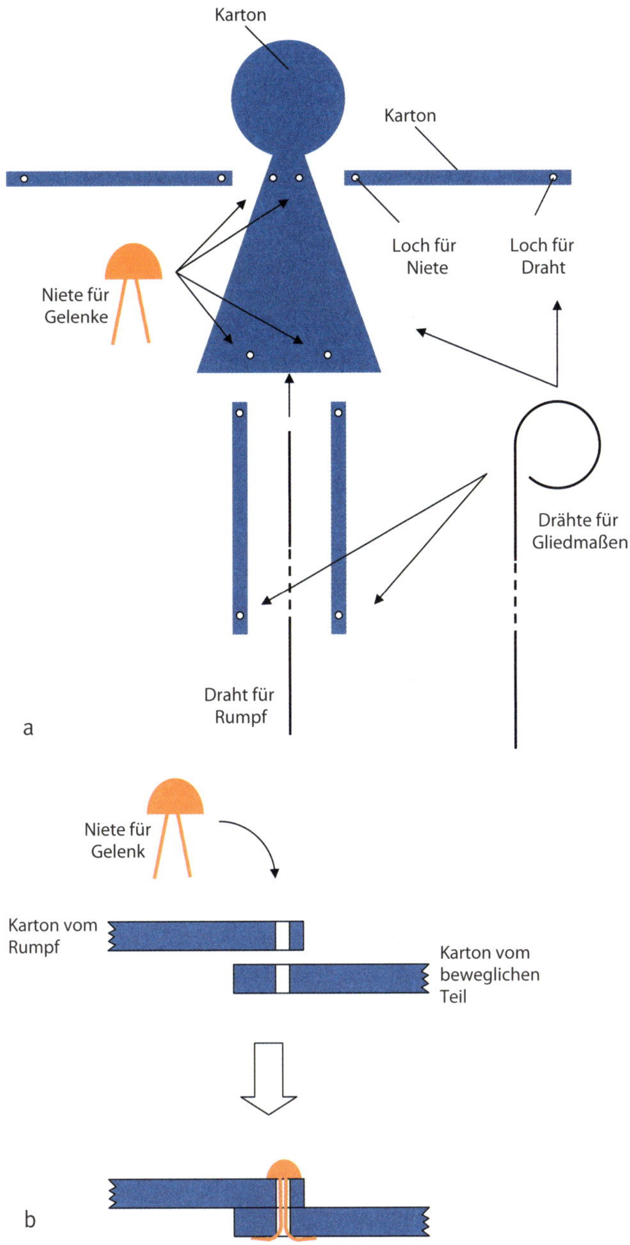

Abb. 92: Skizze einer Figur für das chinesische Schattentheater

Abb. 93 zeigt eine einfache Dimmerschaltung mit nur wenigen Bauteilen zur Ansteuerung von 10 Hochleistungs-LEDs. Das IC LT3590 ist ein spezieller LED-Treiber von Linear Technology, mit dem man LEDs bis zu einem Strom von maximal 50 mA betreiben kann. Über den CTRL-Eingang wird der LED-Strom mithilfe eines Spannungsteilers eingestellt; das Spannungsintervall erstreckt sich von 0,1 V bis 1,25 V. Bei der gezeigten Dimensionierung ergibt sich ein Stromintervall von 0 bis 20 mA. Zur Ansteuerung wird eine konstante Zenerspannung von 5 V verwendet und mit dem Spannungsteiler P1 und P2 heruntergeteilt. Zum Abgleich dreht man zunächst das Poti P2 auf den Maximalwert und stellt dann das Trimmpoti P1 so ein, dass am Schleifer von P2 1,25 V anliegen. Jetzt kann man mit P2 die Steuerspannung am CTRL-Eingang des ICs im Intervall 0 bis 1,25 V einstellen. Bei einer Spannung größer als 1,25 V wird der LED-Strom auf 20 mA begrenzt und bei einer Spannung von 0 bis 0,1 V fließt kein LED-Strom.

Beim echten chinesischen Schattentheater werden neben Lichtvariationen auch häufig Musik- und Geräuscheffekte benutzt. Die gespielten Stücke reichen von der ernsten Oper bis hin zur Komödie, ganz nach Belieben. Neben der Literatur liefert auch das Internet eine Fülle an weiteren Informationen, z. B. [4].

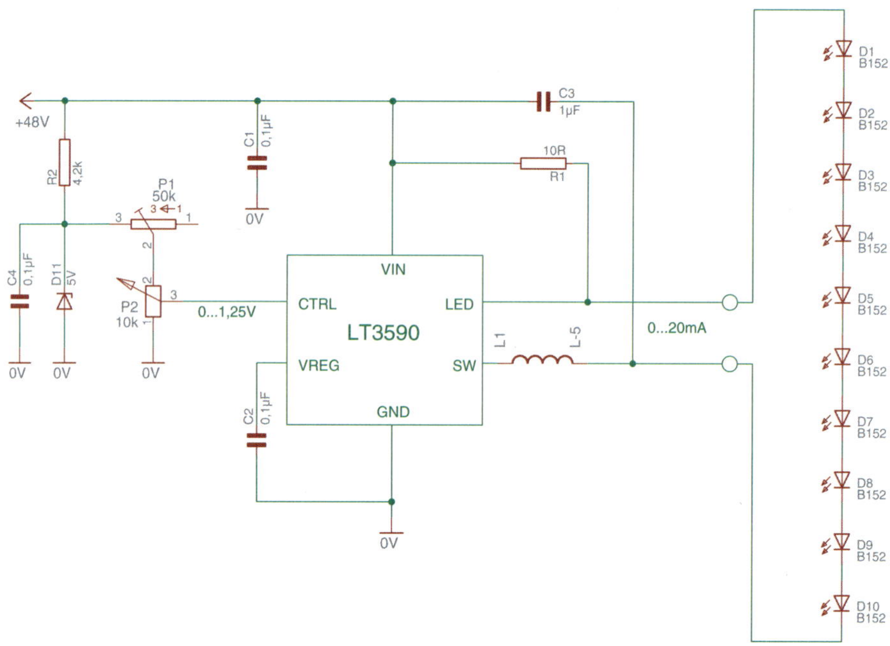

Abb. 93: Dimmer für 10 LEDs

6.4 Experimentierkasten mit LEDs

Meist werden LED-Schaltungen gelötet. Wenn man aber nur eine einfache Schaltung testen möchte, lohnt es meist nicht, den Lötkolben aufzuheizen. In solchen Fällen wird die Schaltung auf einem Steckbrett zusammengesteckt. Auf dem Tisch verstreut finden sich dann ein Netzgerät, ein oder mehrere Messgeräte, Bedienelemente (z. B. Potenziometer, Drehkondensatoren ...) und Ausgabeeinrichtungen (z. B. Lautsprecher, kleiner Elektromotor ...). Nach getaner Arbeit muss alles wieder fein säuberlich in Regale, Schublade und Schränke geräumt werden. Ein selbst gebauter Experimentierkasten kann hier sinnvoll sein.

Elektronikkataloge bieten immer häufiger Aluminiumkoffer für allerlei Verwendungszwecke an. Ein solcher Koffer (siehe *Abb. 94*) eignet sich bestens für einen solchen Experimentierkasten. Nach *Abb. 95* werden auf der einen Kofferhälfte verschiedene Bedienelemente und Ausgabeeinrichtungen eingebaut, in der Regel solche, die sich nicht direkt für eine Steckplatte eignen. Dazu gehören Drehwiderstände und Drehkondensatoren mit Skalen, Messinstrumente (analoge und digitale) für verschiedene Messbereiche und auch ein Lautsprecher sollte nicht fehlen. Nützlich sind auch Relais und ein kleiner Elektromotor. Sämtliche Bedienelemente werden in eine Frontplatte eingebaut und mit Buchsen verbunden. Die Frontplatte baut man dann in die Kofferhälfte ein, die hochgeklappt wird. In die untere Kofferhälfte baut man ein Netzgerät ein, das möglichst gleich mehrere stabilisierte Spannungen und noch eine einstellbare Spannung über Buchsen zur Verfügung stellt. Selbstverständlich baut man sich ein solches Netzgerät selbst (siehe *Abb. 96*).

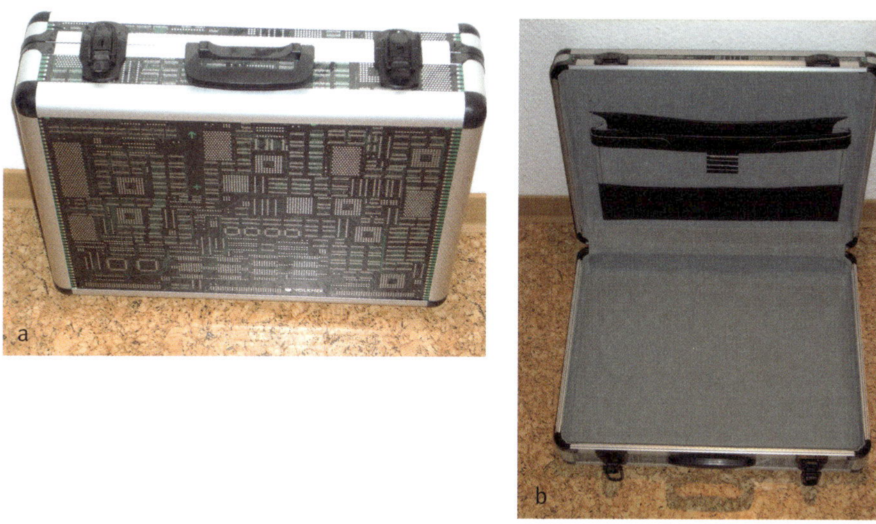

Abb. 94: Alukoffer, (a) Außenansicht und (b) Innenansicht

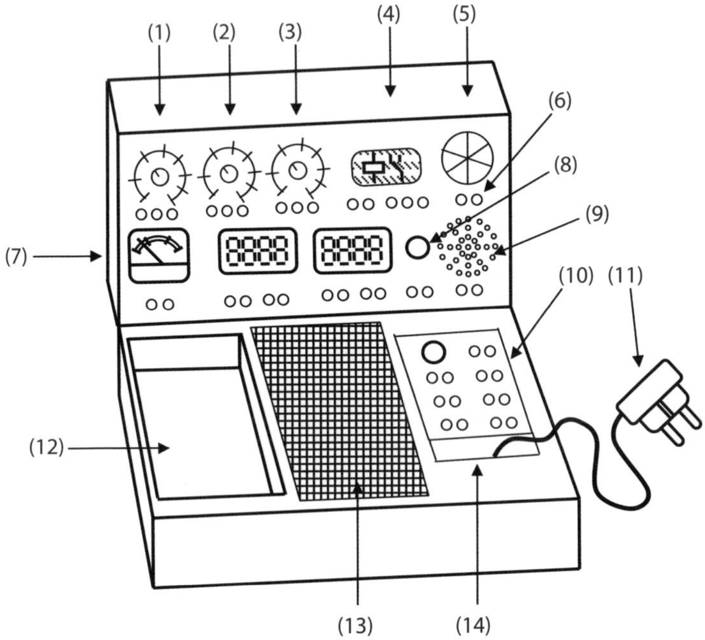

Abb. 95: Vorschlag für die Anordnung der einzelnen Elemente im Experimentierkasten:

1. Drehpoti I mit Skala
2. Drehpoti II mit Skala
3. Drehkondensator mit Skala
4. Relais
5. E-Motor mit Drehscheibe
6. Buchsen
7. Messinstrumente
8. Taster
9. Lautsprecher
10. Netzgerät
11. Netzkabel
12. Fach für elektronische Bauteile
13. Steckplatte
14. Fach für Netzkabel

Neben dem Netzgerät wird auf eine Montageplatte die Steckplatte befestigt. Die im Handel erhältlichen Steckplatten sind in der Regel zusammensteckbar, sodass die Gesamtfläche den individuellen Bedürfnissen angepasst werden kann. Außerdem darf ein kleines Kunststoffgehäuse mit Deckel nicht fehlen, das als Aufbewahrungsbox für die steckbaren Bauteile (Widerstände, Kondensatoren, ICs, LEDs usw.) dient.

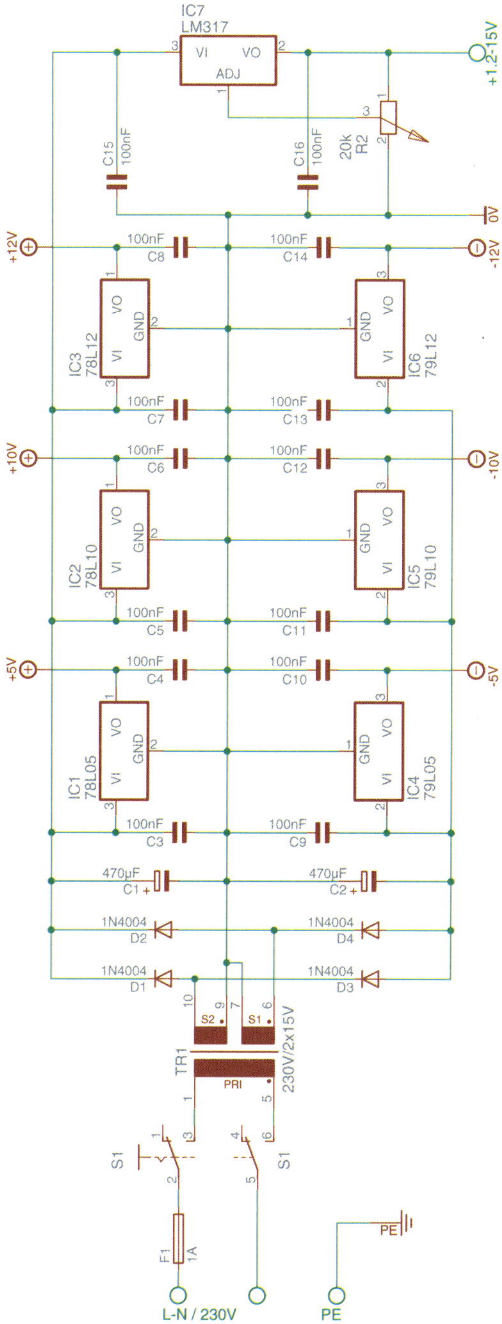

Abb. 96: Schaltplan eines Universalnetzgeräts für den Experimentierkasten

6.5 Puppenhaus

Das Puppenhaus (siehe *Abb. 97*) ist der Traum eines jeden kleinen Mädchens. Wer ein modernes Puppenhaus bauen oder ein bereits vorhandenes renovieren möchte, hat als Elektroniker allerlei Spielmöglichkeiten. Neben der Raumbeleuchtung kann man auch Dekorationsgegenstände, Treppenaufgänge und ganze Wände mit LEDs bestücken. Auch wenn es noch keine X-Block®-Bausteine im Miniaturformat für das Puppenhaus als Fertigware gibt, kann man etwas Ähnliches mit etwas Geschick aus Plexiglas selbst nachbauen. Weitere Möglichkeiten sind z. B. der Einsatz von Lichtschranken oder die Nachbildung eines Computerbildschirms bzw. Fernsehgeräts mit Miniatur-LEDs.

Abb. 97: Ein Puppenhaus von damals

6.6 Modelleisenbahn

Zum Einsatz von LEDs bei der Modelleisenbahn (siehe *Abb. 98*) gibt es bereits spezielle Literatur. Dieses Thema ist sehr umfangreich und wird deshalb im Rahmen dieses Buchs nur kurz angerissen.

Auch die Modelleisenbahn ist einem technologischen Wandel unterworfen. Wo früher kleine Glühlämpchen verwendet wurden, kommen heute LEDs zum Einsatz. LEDs werden z. B. für

1. Automatische Waggonbeleuchtung
2. Lokomotivenbeleuchtung
3. Landschaftsgestaltung
4. Reklamebeleuchtung
5. Tunnelbeleuchtung
6. und noch viel mehr

eingesetzt.

Der Fachhandel bietet zahlreiche Utensilien, die man früher selbst herstellen musste. Aber auch heute gibt es noch Liebhaber, die nicht auf gekaufte Fertigware zurückgreifen möchten, sondern möglichst viel selbst machen.

Abb. 98: Stellvertretend für das Thema Modelleisenbahn: (a) Lokomotive, (b) Eisenbahntunnel und (c) Landschaft mit Bauernhaus

Gerne hätten wir im Buch ein Kapitel über LEDs in Autos oder an Motorrädern untergebracht. Leider ist das nicht möglich. Der Grund dafür ist, dass bei diesen Fahrzeugen die Sicherheit im Straßenverkehr nicht beeinträchtigt werden darf. Die Aufmerksamkeit des Fahrers könnte beispielsweise in Mitleidenschaft gezogen werden, wenn die Windschutzscheibe des eigenen oder eines entgegenkommenden Fahrzeugs mit einer LED-Kette umrandet ist. Entscheidend ist, dass die Straßenverkehrsordnung und andere, auch technische Vorschriften, eingehalten werden. In anderen Ländern hätte man unter Umständen weniger Probleme damit.

7 Gartenprojekte

Wer einen Garten hat, findet heute im Baumarkt und Elektronikfachhandel eine erstaunliche Zahl von Anwendungsmöglichkeiten mit LEDs. Zum Selbermachen lohnt es sich meist nicht, es sei denn, man hat eine bestimmte Vorstellung und Fertigprodukte erfüllen den gewünschten Effekt nicht. In diesem Kapitel werden einige nützliche LED-Projekte für den Garten vorgestellt, um Anregungen für Eigenkreationen zu geben.

7.1 Beleuchtung für Gartenzwerge

Wer seine Gartenzwerge liebt, möchte sie nicht nur bei Tageslicht, sondern auch bei Nacht betrachten können. In den meisten Fällen wird man eine zu den Zwergen passende miniaturisierte solarbetriebene Gartenbeleuchtung verwenden, wie sie vielfach in Baumärkten angeboten wird (siehe *Abb. 99*). Abhängig von der Gartengestaltung, wählt man ein geeignetes Design aus und platziert es an der gewünschten Stelle. Meist werden solche solarbetriebenen Gartenleuchten einfach in den Boden gesteckt (siehe *Abb. 100*).

Auch wenn das Design bei Tageslicht zum Ambiente passen mag, ist man häufig bei Nacht enttäuscht, wenn die Leuchte nicht hell genug erstrahlt (siehe *Abb. 101*) und auch nicht lange genug leuchtet. Abhilfe schaffen hier im Wesentlichen drei Lösungen:

1. Ersatz durch eine hocheffiziente LED
   Allerdings muss man auch auf den Rest der Beschaltung achten (Vorwiderstand bzw. Stromkonstanter etc.) und diese entsprechend anpassen.

2. Austausch oder Integration zusätzlicher größerer Solarzellenflächen (Vorsicht: auf maximale Spannung achten!)
   Auch hier muss man auf die restliche Elektrik Rücksicht nehmen und sie entsprechend anpassen.

3. Energiespeicher erneuern oder durch einen besseren austauschen
   Wird ein anderer Energiespeicher verwendet, muss man unter Umständen auch die restliche Elektrik anpassen.

Mit diesen Tricks kann man sowohl die Leuchtstärke als auch die Leuchtdauer optimieren (siehe *Abb. 102*).

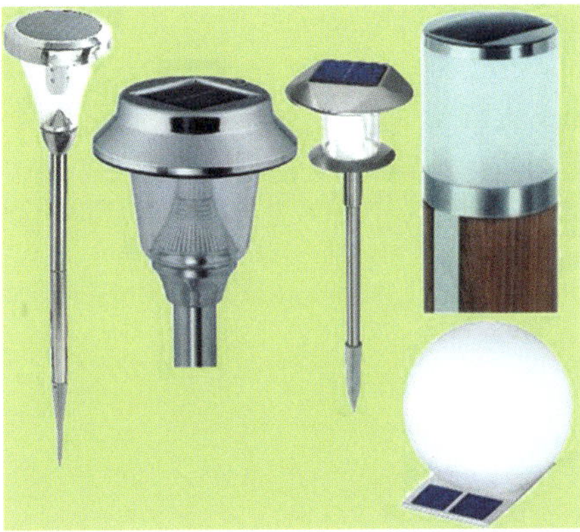

Abb. 99: Ein paar Beispiele für solarbetriebene Gartenleuchten

Abb. 100: Hier steckt ein gebogener Stab im Boden und die solarbetriebene Gartenleuchte ist oben am Stab eingehängt. (a) Vorderansicht und (b) Seitenansicht

Abb. 101: Wenn die Solarzellen nicht genügend Energie liefern, bleibt die Lampe dunkel.

Abb. 102: Da fühlen sich nicht nur Gartenzwerge wohl.

7.2 Solaraggregat für den Garten

Wer eine größere Gartenleuchte betreiben möchte, kann jedes Betriebsmittel mit einer Solarzelle versehen (bzw. fertig konfektionierte Ware kaufen) oder eine zentrale Photovoltaik-Anlage im Garten aufstellen. Auch für solche Fälle gibt es bereits fertige Aggregate, wie z. B. Minisolaranlagen (siehe *Abb. 103*) für den Garten oder eine Jacht. Man kann auch herkömmliche Solarmodule passender Größe auf einem Pfosten im Garten installieren.

Abb. 103: Solarmodule, die auch für den Garten geeignet sind

Falls noch nicht vorhanden, wird noch ein Akku samt Ladeelektronik in einem passenden Gehäuse untergebracht und mit dem Solarmodul verbunden. Akku und Ladeelektronik gibt es bereits fertig konfektioniert in verschiedenen Ausführungen im Elektronikhandel. Abhängig von der Anzahl der Verbraucher lohnt es sich, auch einen Stromverteiler mit Sicherungen und (unter Umständen) Schaltern für die einzelnen Pfade zu integrieren (siehe *Abb. 104*).

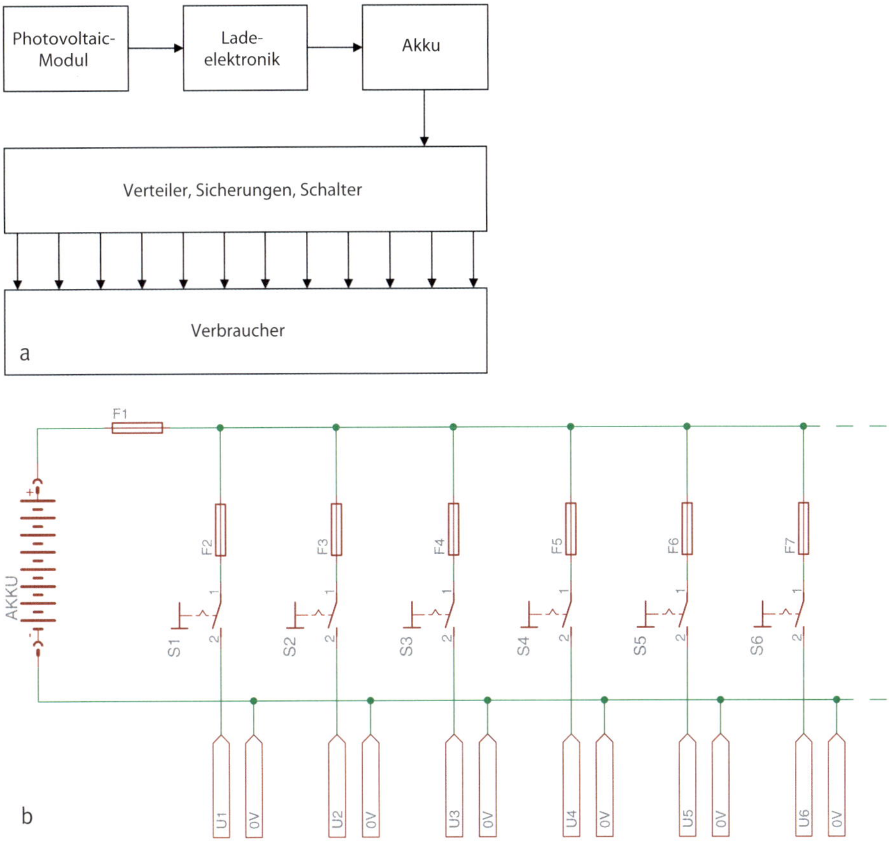

Abb. 104: (a) Prinzipdiagramm eines Solaraggregats und (b) Schaltung einer Stromverteilung

Als Nächstes verlegt man Kabel zu den einzelnen Verbraucherstellen im Garten. Es empfiehlt sich, die Kabel in Installationsrohren im Erdreich zu vergraben. Die Tiefe hängt von den sonstigen Aktivitäten im Garten ab. Wichtig ist, dass die Kabel durch Gartenarbeiten (z. B. Ausgraben oder Setzen von Pflanzen, Platzieren von Stangen für Tomaten etc.) nicht verletzt werden. Deshalb sollte man sie mindestens 20 cm tiefer verlegen, als man vermutlich graben oder stechen kann.

7.3 Marderschreck

Ob man einen Garten zu Hause hat oder für die Kinder einen kleinen Spielplatz hinter dem Haus eingerichtet hat: Ein Marder kann überall Schaden anrichten. Man hört sie auch, wenn sie nachts ums Haus toben oder auf dem Dach nach Essbarem Ausschau halten. Auch das Auto ist vor Marderattacken nicht sicher. Der Handel bietet verschiedene Hilfsmittel an wie z. B. elektronische Piepser und Ultraschallgeneratoren, um gegen Marder vorzugehen. Eine eher weniger bekannte Strategie ist, den Marder durch Blitzlicht zu verscheuchen. Für das folgende Projekt werden selbstverständlich hocheffiziente LEDs verwendet.

Abb. 105 zeigt den wesentlichen Zusammenhang. Im Baumarkt besorgt man sich einen elektronischen Bewegungsmelder (PIR) mit Relaisausgang. Um die Schaltung auch umweltgerecht zu konzipieren, nimmt man am besten einen Bewegungsmelder für 12 V Betriebsspannung, da man dann den Marderschreck mit der Gartensolaranlage (siehe vorheriges Projekt) betreiben kann. An den Relaisausgang schließt man ein ebenfalls im Handel erhältliches Stroboskop an. Das Stroboskop muss ebenfalls für 12 V Betriebsspannung ausgelegt sein.

Stroboskope werden meist für die Einstellung des Zündzeitpunkts bei Verbrennungsmotoren eingesetzt. Sie enthalten in der Regel eine Gasentladungslampe. Seit einiger Zeit gibt es aber auch Stroboskope mit Hochleistungs-LEDs. Wer ein solches Lichtblitzstroboskop selbst bauen möchte, findet nachfolgend eine kleine Anregung.

Prinzipiell besteht das Lichtblitzstroboskop aus einem einstellbaren Oszillator und einer Treiberstufe mit hocheffizienten LEDs (siehe *Abb. 106*). Für den Kern des Oszillators wird das Allerwelts-IC 555 verwendet. Die Low-Current-LED D1 dient lediglich als Einschaltkontrolle. Mit den Potis R2, R3 und R4 wird die Frequenz eingestellt. Zusätzlich wird mit R2 die Ladezeit des Kondensators C1 bestimmt und mit R3 die Entladezeit. Dadurch kann man das Tastverhältnis (Einschaltdauer zu Periodendauer) variieren. Rein rechnerisch ergibt sich ein einstellbarer Frequenzbereich von 4,9 Hz bis 7 kHz. Auf der Ausgangsseite befindet sich lediglich eine Transistorstufe, die als Schalter fungiert. Für D4 bis D6 werden Hochleistungs-LEDs verwendet. Danach richtet sich dann auch der Wert des Widerstands R6. Je nach verwendeten LEDs muss unter Umständen auch noch der Transistor angepasst werden.

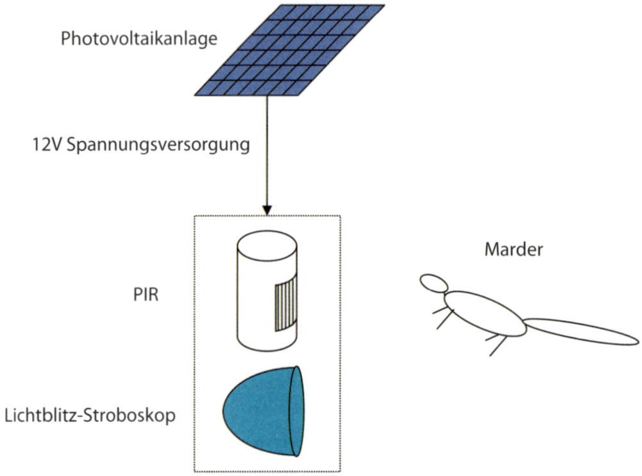

Abb. 105: Prinzipieller Aufbau des Marderschrecks mit Lichtblitzstroboskop

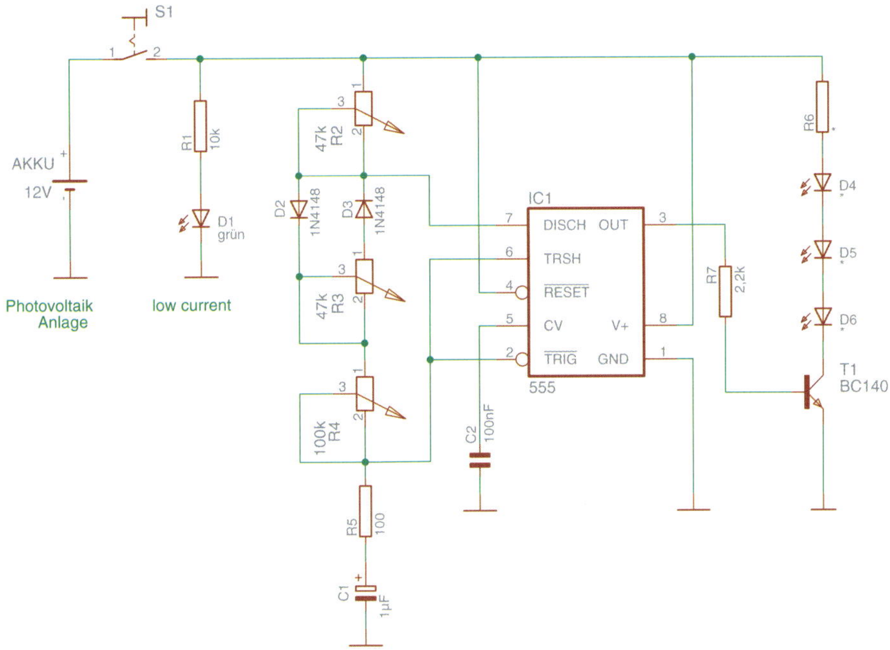

Abb. 106: Schaltung für ein Lichtblitzstroboskop mit Hochleistungs-LEDs

Sobald ein Marder (oder irgendein anderes Tier) vom Bewegungsmelder erfasst wird, sendet das Stroboskop Lichtblitze aus, wodurch das Tier erschreckt wird und in aller Regel die Flucht ergreift.

7.4 Lichtschlauch für den Garten

Der Lichtschlauch, auch *LED-Schlauch* oder *LED-Lichtschlauch* genannt, besteht aus einem transparenten Kunststoffschlauch, in den LEDs eingebaut sind. Die im Handel vorkommenden Schläuche unterteilen sich im Wesentlichen in zwei Kategorien:

1. Schläuche mit radial integrierten LEDs: Die LEDs sind stehend angeordnet, d. h. senkrecht zur Schlauchachse. Sie leuchten somit nur in die Richtung, in die der Schlauch beim Verlegen ausgerichtet wird. Konstruktionsbedingt leuchten LEDs nicht nach hinten.
2. Schläuche mit axial integrierten LEDs: Die LEDs sind axial angeordnet, d. h. entlang der Schlauchachse. Sie leuchten somit nach allen Seiten. Allerdings verteilt sich auch der Lichtstrom der LED auf eine größere Fläche, sodass die Lichtstärke geringer wird. Auch diese LEDs leuchten nicht direkt nach hinten. Trotzdem entsteht durch Reflexionen an der Schlauchinnenwand und durch Dispersion im Schlauchmaterial ein geringes Leuchten nach hinten.

Lichtschläuche werden als farblose und farbige Schläuche angeboten. So wie es LEDs in verschiedenen Farben gibt, sind auch Lichtschläuche mit unterschiedlichen Farben erhältlich. Je nach Schlauchtyp und Hersteller sind etwa 20 bis 40 LEDs pro Meter Lichtschlauch integriert.

Lichtschläuche gibt es nicht nur mit LEDs, sondern auch mit Glühlämpchen. Hier einige Vor- und Nachteile von LED-Lichtschläuchen:

Tabelle 3: Vor- und Nachteile der LED-Lichtschläuche

Vorteile	Nachteile
• geringer Energiebedarf • geringe Wärmeentwicklung wegen des höheren Wirkungsgrads von LEDs gegenüber Glühlampen • hohe Lebensdauer • billiger als LED-Module und LED-Bänder • kein zusätzliches Gehäuse zum Schutz vor Umwelteinflüssen (Feuchtigkeit, Schmutz …) nötig, im Gegensatz zu LED-Modulen und LED-Bändern	• (u. U.) höhere Kosten • bei der Installation muss man die Polarität beachten

Die im Handel angeboten Lichtschläuche werden für verschiedene Betriebsspannungen angeboten: 230 V, 24 V und 12 V. Da die LEDs Gleichstrom benötigen, werden die Schläuche über ein passendes Vorschaltgerät betrieben, das je nach Ausführung ein Schaltnetzteil oder einen Trafo mit Gleichrichter und Spannungsstabilisierung enthält. Bei der Installation des Schlauchs muss auf die Polarität der Anschlüsse geachtet werden. Es gibt mittlerweile Systeme, die eine Lichtschlauchlänge von mehreren hundert Metern mit nur einer Zuleitung ermöglichen. Der Lichtschlauch wird als Meterware auf Rollen im Handel angeboten. Entlang des Lichtschlauchs sind Markierungen aufgedruckt, an denen er abgeschnitten werden darf, dadurch ist nicht jede beliebige Länge möglich. Geschnitten wird mit einem scharfen Messer. Eine Schere oder gar der Seitenschneider ist nicht geeignet, weil dadurch der Schlauch gequetscht würde und sich die beiden Adern verbiegen würden (Kurzschlussgefahr!). Nicht vergessen: Ende mit vorkonfektioniertem Endstück versehen und u.U. mit Silikon abdichten.

Lichtschläuche sind für eine Vielzahl von Illuminationen geeignet: Treppenstufen- und Geländerbeleuchtung, diverse Beleuchtungen im Bad (z. B. Spiegel, Duschbereich), Hintergrundbeleuchtungen von Vitrinen, Schriftzüge (z. B. Namen im Kinderzimmer), Party-, Briefkasten- und Hausnummernbeleuchtung etc. Ein besonderes Einsatzgebiet ist der Garten: die Gartenzaunbeleuchtung über die Verlegung der Lichtschläuche quer durch den Garten auf Pfosten hängend bis hin zur Unterwasserbeleuchtung des Gartenteichs (siehe *Abb. 107*, *108* und *109*).

Achtung: Nicht jeder Lichtschlauch ist für Außenmontage geeignet. Deshalb sollte man sich im Fachhandel immer nach den technischen Daten erkundigen und auch nachfragen, in welchem Umfang der Schlauch außentauglich ist. Für die Unterwasserverlegung gelten höhere Anforderungen. Außerdem muss der Lichtschlauch im Außenbereich über einen FI-Schutzschalter betrieben werden, sofern Netzspannung verwendet wird.

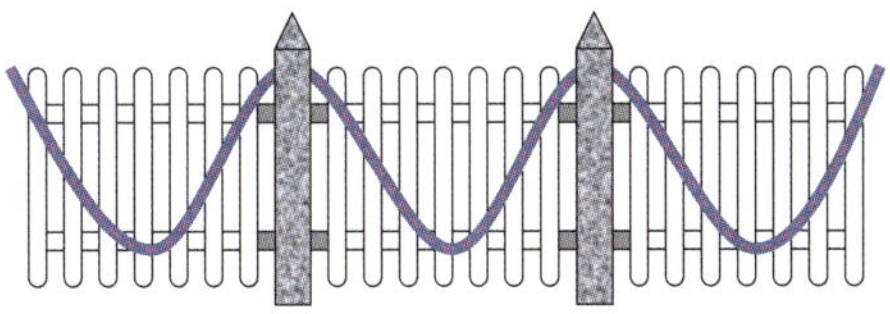

Abb. 107: Skizze einer Gartenzaunbeleuchtung mit einem Lichtschlauch

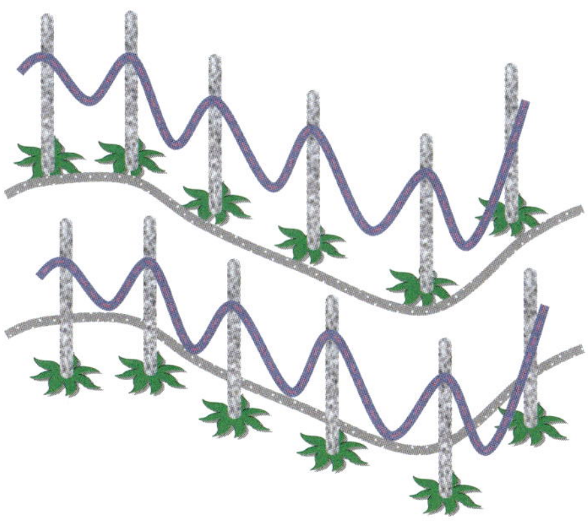

Abb. 108: Skizze einer Gartenbeleuchtung mit einem Lichtschlauch

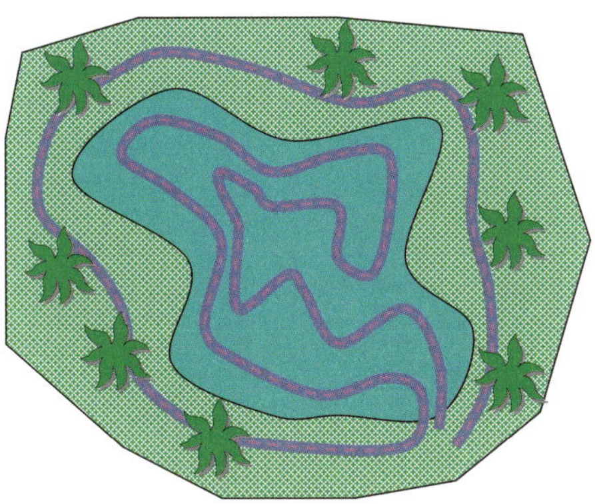

Abb. 109: Skizze der Beleuchtung eines Gartenteichs mit einem Lichtschlauch

Der harte Kern unter den Heimwerkern macht auch seine LED-Lichtschläuche selbst – unabhängig davon, wie aufwendig das ist. Was man dazu braucht, ist im Wesentlichen ein transparenter Kunststoffschlauch, der den Anforderungen an UV-, Temperatur- (Hitze, Kälte) und Wasserbeständigkeit (wasserdicht, Salzwasser, Algenbefall…) gerecht wird. Für die „Innereien" werden LEDs, passende Vorwiderstände und Schaltdraht benötigt (siehe *Abb. 110*).

Man kann jede LED mit einem eigenen Vorwiderstand versehen, insbesondere dann, wenn verschiedene LEDs mit unterschiedlichen Strömen betrieben werden oder mehrere LEDs in Reihe geschaltet werden sollen (besonders bei LEDs mit gleichen Strömen). Neben Standard-LEDs werden gerne Blink- und Mehrfarben-LEDs verwendet. Bei Letzteren besteht häufig der Wunsch, für jede Farbe einen eigenen Schaltdraht herauszuführen. Dies hat den Zweck, dass man den Lichtschlauch mit einer individuell programmierten Computersteuerung betreiben kann. Alternativ kann man auch in den Schlauch kleine Oszillatoren einbauen (siehe *Abb. 111*), wobei SMD-ICs direkt mit den restlichen Bauteilen verlötet und mit Gießharz umgossen werden, um sie gegen mechanische Einflüsse von außen (Kurzschlüsse) zu schützen.

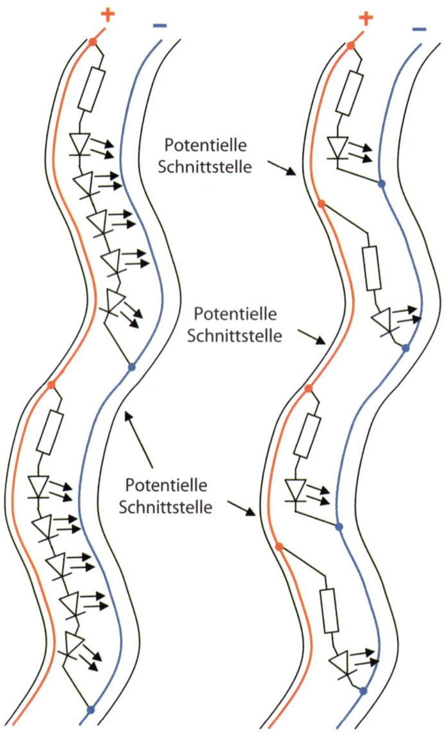

Abb. 110: Zwei Möglichkeiten für das Innenleben eines selbst gebauten LED-Lichtschlauchs; nur an dafür vorgesehenen Stellen kann man den LED-Lichtschlauch auseinanderschneiden.

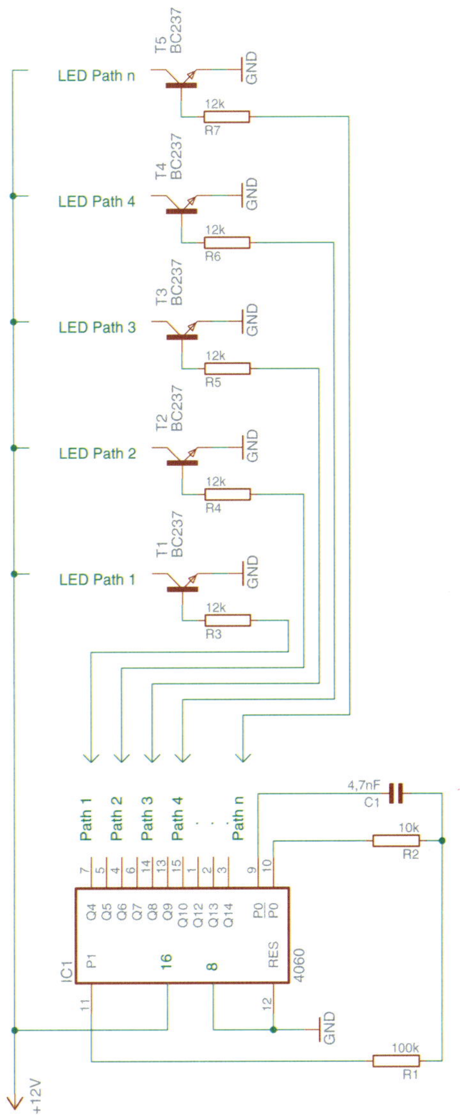

Abb. 111: Beispiel für eine einfache Oszillatorschaltung für mehrere LEDs; auch für Mehrfarben-LEDs geeignet

8 Partylaune mit LEDs

Kaum eine Party kommt heute ohne Lichteffekte aus. Was früher das Kerzenlicht war, ist heute durch Kunstlichter ersetzt. Neben LED-Lichtschläuchen und sonstigen LED-Objekten gibt es noch ein paar weitere ausgefallene Ideen, die in so manchem kreativen Kopf schlummern und darauf warten, geweckt zu werden. Im Folgenden werden deshalb ein paar LED-Projekte für Partys als Anregung für Eigenkreationen vorgestellt.

8.1 LED-Herz

Schon so manche Liebesbeziehung hat auf einer Party ihren Anfang genommen. Deshalb folgt hier ein Projekt speziell für Verliebte. *Abb. 112* zeigt den Schaltplan und *Abb. 113* die zugehörige Anordnung der LEDs. 20 Low-Current-LEDs werden herzförmig angeordnet. In den beiden Herzhälften wird jeweils eine Blink-LED platziert.
Die Schaltung stellt prinzipiell ein 10-stufiges Schieberegister mit dem CMOS-Baustein 4017 dar. Die Taktimpulse kommen von der Blink-LED D1. Am Vorwiderstand R1 fällt eine pulsierende Spannung ab, die von der Treiberstufe um T1 verstärkt wird und den Takt für IC1 liefert. Jeweils zwei Low-Current-LEDs sind in Reihe geschaltet und mit einem Vorwiderstand direkt mit der positiven Spannungsversorgung verbunden. Von diesen Pfaden gibt es 10 Stück, zwei davon sind im Schaltplan explizit dargestellt. IC1 steuert mit seinen 10 Ausgängen jeweils einen Transistor an. Sobald ein Transistor leitend wird, schließt er die zugehörigen LED-Paare kurz, wodurch die beiden LEDs so lange ausgehen, wie der Transistor angesteuert wird. Der Reihe nach werden die Transistoren T2 bis T11 angesteuert.

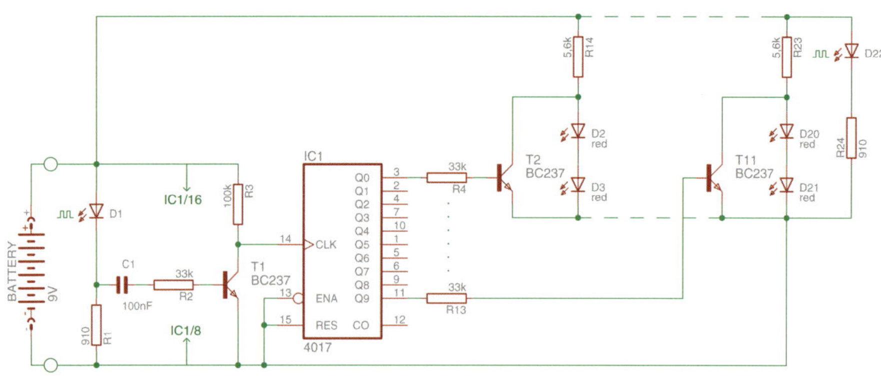

Abb. 112: Schaltplan für das Herz

Bei der Anordnung, wie sie in *Abb. 113* dargestellt ist, leuchtet das Herz mit seinen roten LEDs. Durch die Dunkelsteuerung mit den Transistoren entsteht ein Lauflichteffekt von unten nach oben, während die beiden Blink-LEDs im Herz fröhlich vor sich hinblinken.

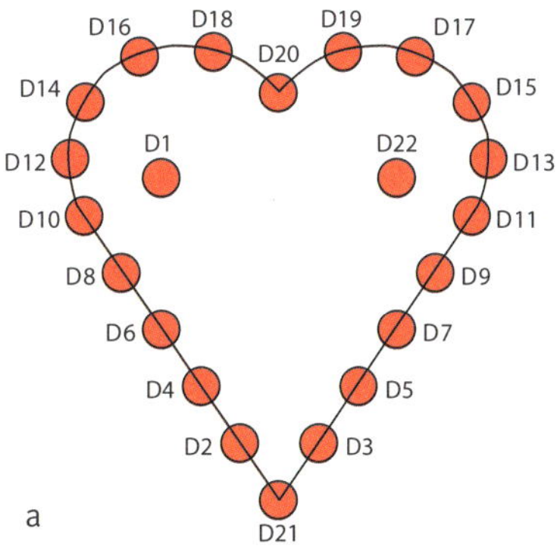

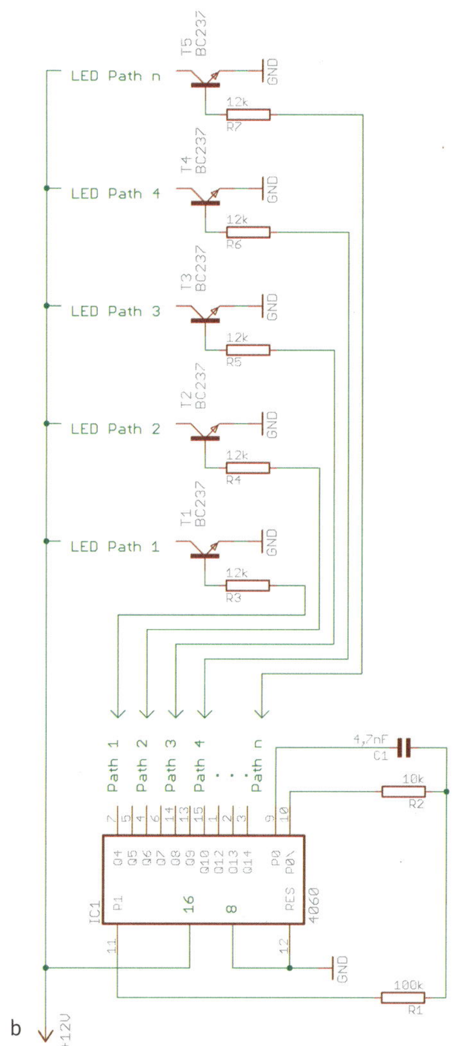

Abb. 113: (a) Anordnung der Leuchtdioden für das Herz und (b) der Aufbau auf einer Lochrasterplatine.

8.2 Selbstleuchtende Luftballons

Ein weiterer nicht alltäglicher Blickfang sind selbstleuchtende Luftballons. Selbstverständlich kommen auch hier hocheffiziente LEDs zum Einsatz. Nach *Abb. 114* wird eine LED mit angelötetem Schaltdraht in den Luftballon eingeführt. Nach dem Aufblasen wird er mit einem kleinen Stück Bindfaden zugeknotet und mit etwas Klebstoff (z. B. Silikondichtmasse o. ä.) abgedichtet. Es gibt auch Schaltdraht, der mit einer elastischen Isolierung (Gummi, Silikon u. a.) versehen ist. Wird solcher Schaltdraht verwendet, kann man unter Umständen sogar ganz auf eine zusätzliche Abdichtung verzichten.

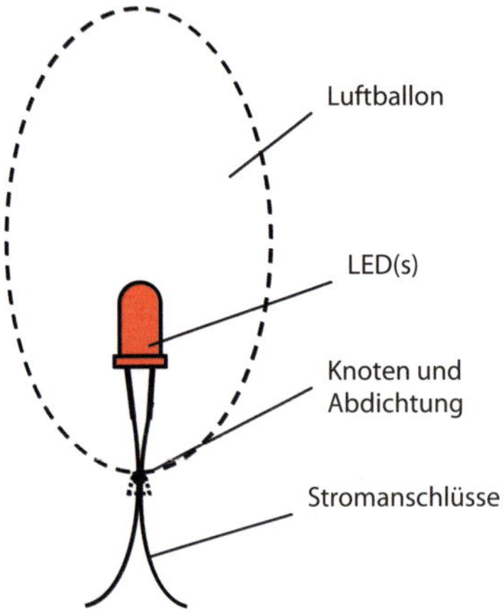

Abb. 114: Querschnitt durch einen Luftballon mit integrierter LED

Mehrere solcher selbstleuchtender Luftballons werden wie eine Lichterkette aufgehängt (siehe *Abb. 115*). Auch hier können Mehrfarben-, Blink- oder Farbwechsel-LEDs etc. verwendet werden. Die Ballonhaut hat den Vorteil, dass sie das Licht etwas streut und so der ganze Luftballon erhellt wird.

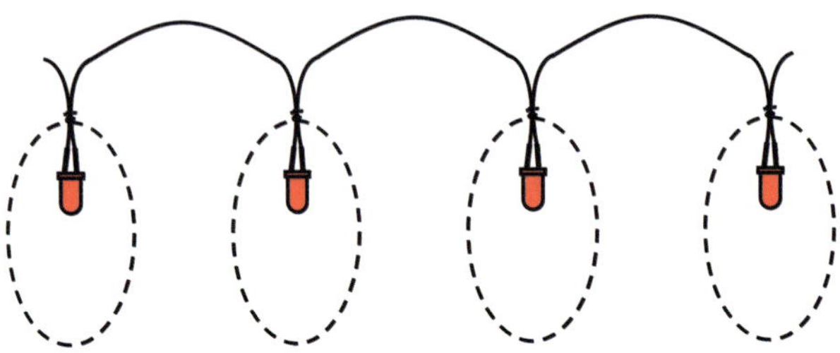

Abb. 115: Lichterkette aus Luftballons mit integrierten LEDs

Man kann nach *Abb. 116 (a)* auch mehrere LEDs in den Ballon integrieren. Damit eine bessere Ausleuchtung erzeugt wird, muss man die LEDs im Inneren etwas ausrichten. Die Arbeit erinnert ein wenig an das Buddelschiff. Allerdings ist hier kein starrer Flaschenhals vorhanden, sondern eine elastische Gummihaut. Wer geschickte Hände hat, kann die LEDs auch so anordnen, dass nach *Abb. 116 (b)* von außen betrachtet der Eindruck eines (strahlenden) Gesichts entsteht. Wer den Aufwand scheut, malt auf den Luftballon ein schönes Gesicht oder etwas anderes und baut lediglich eine leistungsstarke LED wie oben beschrieben ein (siehe *Abb. 117* und *118*).

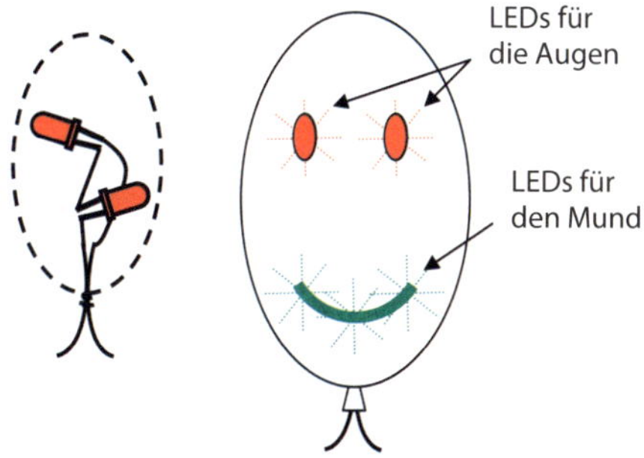

(a) (b)

Abb. 116: (a) Querschnitt durch einen Luftballon mit zwei zurechtgebogenen LEDs, (b) Luftballon mit LED-Gesicht

Abb. 117: Luftballon mit aufgemaltem Gesicht und integrierter LED-Beleuchtung

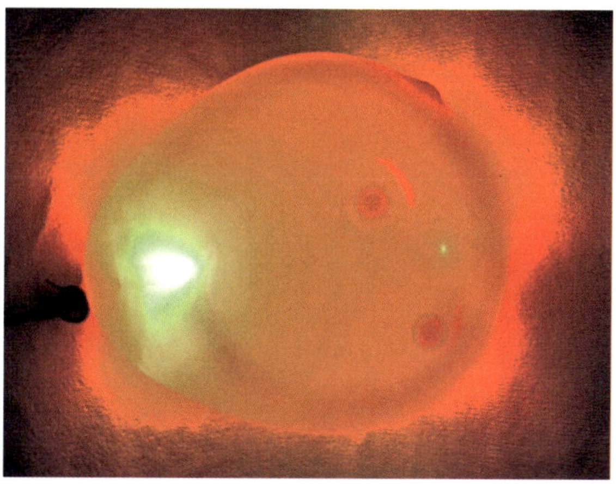

Abb. 118: Selbstleuchtender Luftballon mit LED bei Nacht

Tipp: Um das Aufblasen des Luftballons zu erleichtern, lässt man nur kleine Drahtstummel (ca. 5 cm) aus dem Luftballon herausragen. So kann man die Anschlüsse mit in den Anschlussschlauch der Luftpumpe einführen oder mit in den Mund nehmen (Vorsicht, Verletzungsgefahr!).

9 Strom sparen mit LEDs

LEDs werden immer leistungsfähiger und vor allem wesentlich leistungsfähiger als Glühlampen. Deshalb liegt es nahe, auch das Zimmer mit LEDs zu beleuchten – zumindest teilweise. In diesem Kapitel wird gezeigt, wie man die bereits bestehende Beleuchtungsanlage im Haus von Glüh- und Halogenlampenbetrieb auf den Betrieb mit stromsparenden superhellen LEDs umrüstet. Erklärungen der paar wichtigsten physikalischen Größen der Fotometrie sind im Anhang 11 kurz erklärt.

Für die Beleuchtung eines Raums oder zumindest eines Raumbereichs muss der von der LED ausgesendete Lichtstrom auf eine relativ große Fläche verteilt werden. Dadurch nimmt die Beleuchtungsstärke sehr schnell ab, denn je größer die angestrahlte Fläche ist, desto kleiner ist die Beleuchtungsstärke. Deshalb kommen für solche Zwecke nur hocheffiziente LEDs zum Einsatz. In den meisten Fällen sind daher mehrere solcher LEDs erforderlich. Zur Vereinfachung gibt es im Handel seit einiger Zeit LED-Strahlerlampen (siehe *Abb. 119* und *120*). Es gibt sie mit verschiedenen Sockeltypen, z. B. mit Stiftsockel oder Edison-Gewinde. Sie werden für die gängigen Standardspannungswerte angeboten, z. B. für 12 V und 230 V. Im Gehäuse befindet sich eine kleine Elektronik zur Strom- und Spannungsanpassung für die LEDs. LED-Strahlerlampen gibt es für verschiedene Farben, darunter auch verschiedene Weiß-Typen.

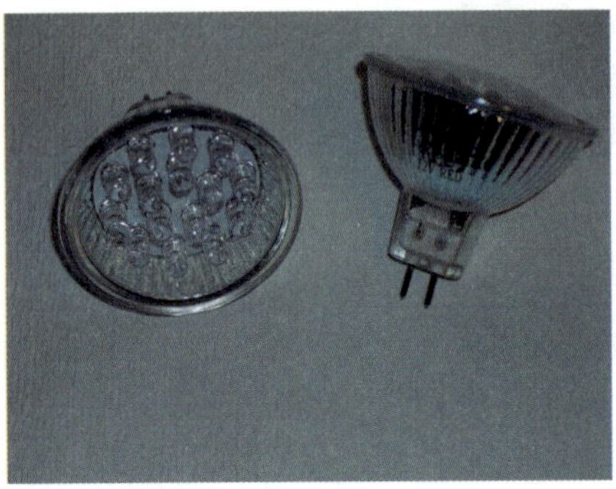

Abb. 119: LED Strahlerlampen mit Stiftsockel

Abb. 120: LED Strahlerlampe mit Stiftsockel; deutlich sieht man die vielen LEDs.

Lampen für Kleinspannung (z. B. 12 V) haben einen deutlich besseren Wirkungsgrad als solche für Netzspannung (z. B. 230 V). Das liegt daran, dass allein schon die Differenzspannung (in dem Beispiel 230 V – 12 V = 218 V) multipliziert mit dem gleichen Strom zusätzliche Verlustleistung gibt. Es soll allerdings auch Lampen geben, die einen kleinen Trafo oder Spulen bzw. Kondensatoren (induktive bzw. kapazitive Blindwiderstände) enthalten. In solchen Fällen ist der Wirkungsgrad nicht ganz so schlecht. Trotzdem summieren sich all diese Verluste, wenn mehrere solcher Lampen vorhanden sind.

Wer seine Beleuchtung komplett oder nur in einzelnen Zimmern auf LED-Lampen umstellen möchte, kann sich auch Gedanken darüber machen, einzelne oder alle Lichtstromkreise auf Kleinspannung umzustellen. Das geht natürlich nur dann, wenn Licht- und Kraftstromkreise (Steckdosen) voneinander getrennt sind. Die Hausinstallation muss im Einzelfall konkret daraufhin überprüft werden.

Achtung: Auf jeden Fall sind aus Sicherheitsgründen immer die VDE-Vorschriften einzuhalten. Das mag sich zwar übertrieben anhören, insbesondere da hier von Kleinspannung (z. B. 12 V) die Rede ist. Man sollte aber bedenken, dass im ungünstigsten Fall irgendwo in einer Abzweigdose oder bei in Rohren verlegten Einzeldrähten eine unerwünschte Verbindung zwischen dem Niederspannungsnetz (230 V) und dem Kleinspannungsnetz (z. B. 12 V) entstehen kann. In Altbauten kann das schon mal vorkommen. Außerdem ist besonders bei älteren Installationen oft nicht mehr bekannt, wieweit die einzelnen Leitungen verzweigt sind und wo sie überall hingehen. Rückspannung auf das Kleinspannungsnetz führt einerseits zu gefährlichen Berührungsspannungen und andererseits zur Zerstörung des Netzteils bis hin zu potenziellen Kabelbränden.

Für die Fälle, in denen eine Umstellung möglich ist, installiert man ein zentrales Netzteil im Zählerschrank und schließt die vorgesehenen Kabel für die Lichtstromkreise an (siehe *Abb. 121*). Auch hier werden wieder alle Lichtstromkreise separat abgesichert. Zu beachten ist, dass der Leitungsquerschnitt groß genug sein muss – aber das dürfte in den meisten Fällen kein Problem darstellen. Nützlich ist eine Prüfspitze (Testprobe), mit der man prüfen kann, ob eine Sicherung in Ordnung ist.

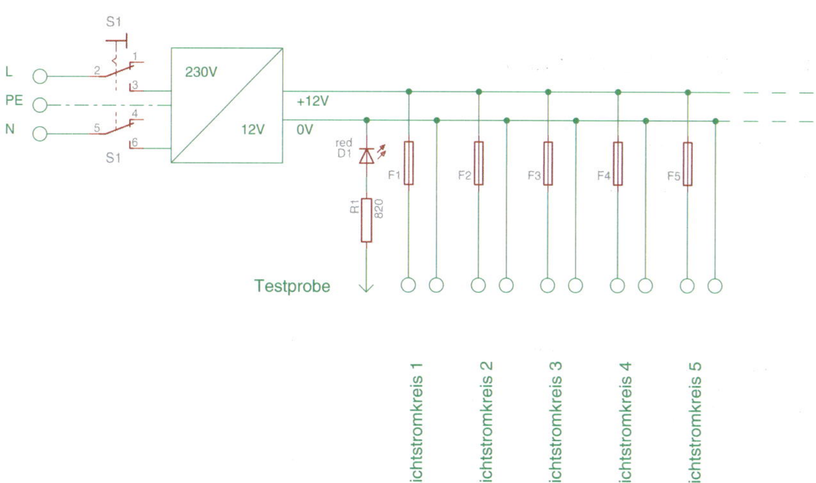

Abb. 121: Zentrales Netzteil für die LED-Beleuchtung

Manche Typen von Hochleistungs-LEDs sollten nicht ohne Kühlkörper betrieben werden, weil man sie sonst zerstört. Zu diesen Hochleistungs-LEDs gehören z. B. die Typen der EHP-Serie (siehe *Abb. 122*). Da diese Typen einen sehr hohen Lichtstrom von bis zu mehreren hundert Lumen aussenden können, haben sie auch eine entsprechende Verlustleistung, die über den Kühlkörper abgeführt werden muss. Nähere Angaben dazu findet man im zugehörigen Datenblatt (siehe z. B. Anhang 12).

Mit einem geeigneten Kühlkörper kann man auch ein ansprechendes Design für die LED-Lampe erzeugen (siehe *Abb. 123*). Dabei ist aber zu beachten, dass der Wärmewiderstand des Kühlkörpers auch nach der Installation noch die geforderten technischen Bedingungen erfüllt. Dazu gehört neben dem Wärmewiderstand, dass die Luft ungehindert vorbeiströmen kann.

Abb. 122: 5-W-High-Power-LED vom Typ EHP-B03LS-DA/UT04-P05 [Quelle: Conrad Electronic]

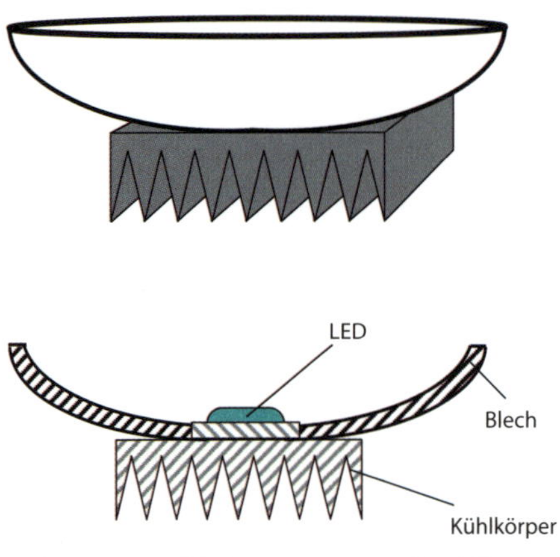

Abb. 123: Hochleistungs-LED auf Kühlkörper montiert, der gleichzeitig als Halterung und Gehäuse dient. Das Blech dient gleichzeitig als Reflektor.

10 Interessantes mit LEDs

In diesem Kapitel werden weitere interessante LED-Projekte aus verschiedenen Anwendungsgebieten vorgestellt.

10.1 Sicherheit mit LEDs

Im Handel sind seit einiger Zeit kleine LED-Leuchten für verschiedene Zwecke erhältlich. Zum einen kann man damit beleuchtete Türbeschriftungen machen, um Besuchern zu signalisieren, um welche Räume es sich handelt (Küche, Bad, Büro …). Solche LED-Leuchten kann man auch als Not- und Signalleuchten verwenden. Als Notleuchten erfüllen sie den (nützlichen) Zweck, dass man bei Stromausfall nicht vollkommen im Dunkeln steht, sondern noch ein wenig Licht vorhanden ist, um sich zurechtzufinden. In einem Notfall zeigen Ausgangssignalleuchten, wo der Ausgang bzw. Notausgang ist. Da diese kleinen LED-Leuchten meist mit Batterien betrieben werden und somit keine extra Leitung verlegt werden muss, ist die stromsparende LED-Technologie im Vergleich zu Glühlampen von großem Vorteil.

Auch eignen sich die kleinen LED-Leuchten bestens für Kinder, die nicht im Dunkeln schlafen möchten, zumal sie nicht mit der gefährlichen Netzspannung betrieben werden. *Abb. 124* und *125* zeigen eine LED-Leuchte mit Schalter. Man kann sie einfach so auf den Nachttisch legen oder an die Wand schrauben. Auf der Rückseite haben sie einen Klebestreifen, mit dem man sie ohne großen Aufwand auf eine glatte Oberfläche kleben kann. Sie werden mit drei Mikrobatterien betrieben.

Abb. 124: Batteriebetriebene LED-Leuchte mit drei LEDs im formschönen Kunststoffgehäuse

Abb. 125: Rückansicht der LED-Leuchte mit dem Unterteil (links) und dem Batteriefach (rechts)

Auch in Schränken, im Bücherregal, im Auto oder im Wohnwagen kann man diese kleinen LED-Leuchten verwenden. Auf einen Gürtel oder eine Sicherheitsweste genietet oder genäht kann man auch auf größere Distanz besser gesehen werden.

10.2 Extravagante Designs mit LEDs

Auf der Suche nach neuen Design-Ideen für Leuchten mit LEDs muss man oft gar nicht so weit in die Ferne schweifen. In jedem Haushalt finden sich Utensilien, die man als Gehäuse für LED-Leuchten verwenden kann.

Stellvertretend sei an dieser Stelle eine ganz gewöhnliche Kuchenbackform erwähnt, in die man eine LED-Strahlerlampe integrieren kann (siehe *Abb. 126*). Zusätzlich oder alternativ lassen sich in einer solchen Kuchenbackform auch mehrere Hochleistungs-LEDs kreisförmig anordnen. In diesem Fall dient dann die Kuchenbackform zusätzlich als Kühlkörper – zumindest teilweise.

Abb. 126: Kuchenbackform mit LED-Strahler als Designerleuchte

10.3 Wandschmuck

Man kann mit LEDs Bilder und Wandteppiche herstellen. Ob mit oder ohne Bilderrahmen – auf einem Stück Karton werden LEDs befestigt und auf der Rückseite entweder direkt oder mittels Platine (z. B. Lochrasterplatine) verdrahtet. Auf diese Weise lassen sich astrologische Sternzeichen, mythologische Symbole oder sonstige Muster darstellen (siehe *Abb. 127*).

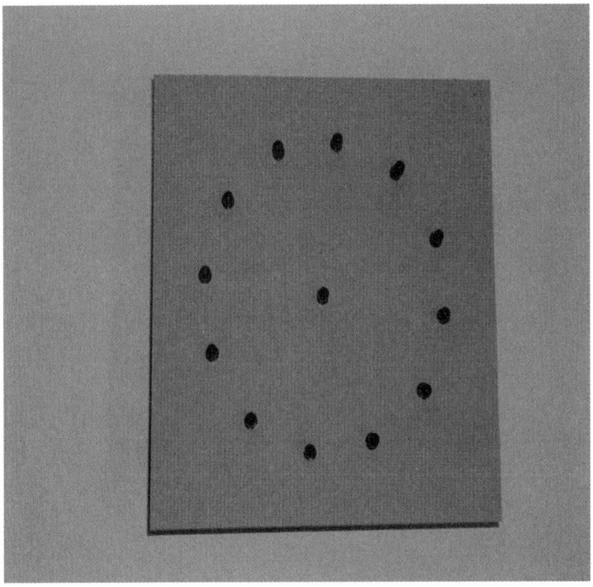

Abb. 127: Ein Symbol mit LEDs als Wandschmuck

10.4 Elektronische Spielereien

Für Leuchtdioden gibt es im Elektronikhandel eine Vielzahl von Schaltungen. Stellvertretend wird hier ein Atomblinkerbausatz vorgestellt (siehe *Abb. 128*). Es ist eine einfache Schaltung, die durch die Anordnung der LEDs die Funktionsweise eines Atoms symbolisiert (Bohrsches Atommodell). Um den Atomkern kreisen zwei Elektronen. Der Atomkern mit seinen Elektronen besteht aus blinkenden LEDs.

Die elektronischen Bauteile sind auf einer geätzten Platine aufgelötet, während die LEDs auf einem Stück Lochrasterplatine untergebracht sind (siehe *Abb. 129*). Die Schaltung besteht aus drei einfachen Oszillatoren, die mit NAND-Gattern und jeweils einer Transistorstufe zum Treiben der LEDs aufgebaut sind. Zum Veröffentlichen des

Schaltplans stand leider kein Copyright zur Verfügung; für Elektroniker dürfte es aber kein Problem sein, drei gleiche Oszillatoren mit NAND-Gattern aufzubauen.

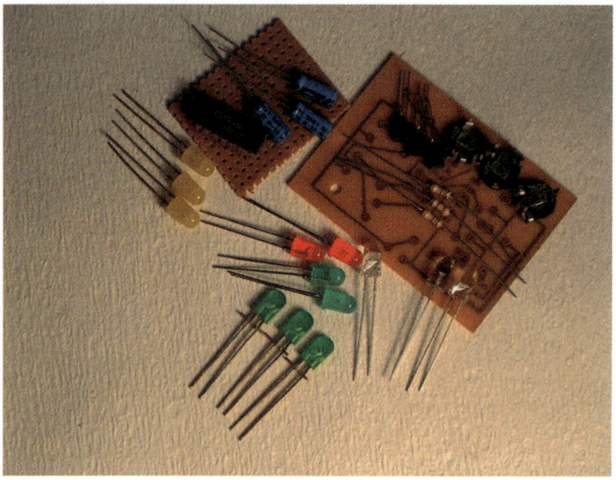

Abb. 128: Bauteile für den Atomblinkerbausatz

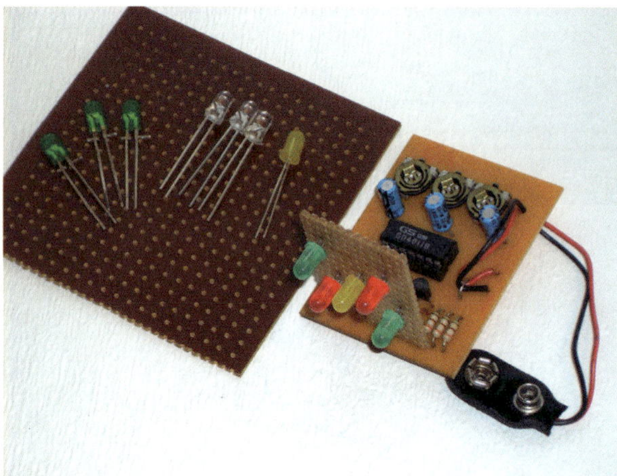

Abb. 129: Fertig aufgebauter Atomblinker mit LEDs

11 Weitere Projekte mit LEDs

Es folgen nun einige LED-Anwendungen, die hier nur kurz erwähnt werden und Anreize für eigene Entwicklungen geben.

- Lissajous-Figuren mit LED-Strahler: Ein kleiner Spiegel wird von einem Elektromotor in Rotation versetzt und von hocheffizienten LEDs angestrahlt. Zwei solche Systeme werden benötigt, wobei der reflektierte Lichtstrahl des einen Systems auf das zweite System einstrahlt. Fällt der Lichtstrahl dann auf den Boden, erzeugt er dort ein Muster, das von den Drehzahlen der beiden Motoren abhängt. Bei gleicher Drehzahl entsteht ein Kreis. Ist die Drehzahl des einen Motors doppelt so groß wie die des anderen, entsteht eine Acht. Solche Figuren nennt man Lissajous-Figuren. Sie sind ein origineller Blickfang für die Terrasse, besonders bei einer Party.
- Kuriose Datenübertragung: Bei einer Datenübertragung mit LEDs verwendet man in der Regel Lichtwellenleiter (Glas- oder Kunststofffasern) als Verbindung zwischen Sender und Empfänger. Man kann aber auch Daten über die LED-Raumbeleuchtung übertragen, zumindest innerhalb eines Raums. Dazu wird die LED-Lampe mit Gleichstrom zur Beleuchtung betrieben und zusätzlich mit einem Datensignal aufmoduliert. An einer anderen Stelle des Raums wird das Licht mit einer Fotodiode aufgenommen und einer Demodulationsstufe zugeführt.
- Musikinstrument mit LED-Unterstützung: Ein Computer steuert über ein Musikprogramm LEDs an. Jeder Ton, der gespielt werden soll, entspricht einer LED, die an passender Stelle in ein Musikinstrument integriert ist. So sieht man beispielsweise, welche Taste beim Klavier betätigt werden soll. Damit können dann auch jene recht bald Klavier spielen, die keine Noten lesen können. Gleiches kann man auch bei einem Xylofon oder anderen Musikinstrumenten erreichen.
- LED-Vorhang: Perlenschnüre, die als Vorhang für Türdurchgänge verwendet werden, kann man durch LED-Schnüre ersetzen. Solch ein LED-Vorhang leuchtet, im Gegensatz zu einem konventionellen Vorhang, in der Dunkelheit und gibt dem Raum ein zusätzliches Ambiente.

Weitere Ideen:

- Springbrunnen mit LED-Beleuchtung
- Halloween-Effekte mit LEDs
- Mosaikbilder mit Kieselsteinen und LEDs
- LED-Visitenkarte an der Westentasche
- UV-LED strahlt fluoreszierend angemalten Gegenstand an (siehe auch Kapitel 1, Arbeitssicherheit)

12 Nützliche LED-Schaltungen

In diesem Kapitel werden ein paar nützliche Schaltungen gezeigt, die für LED-Projekte interessant sein können.

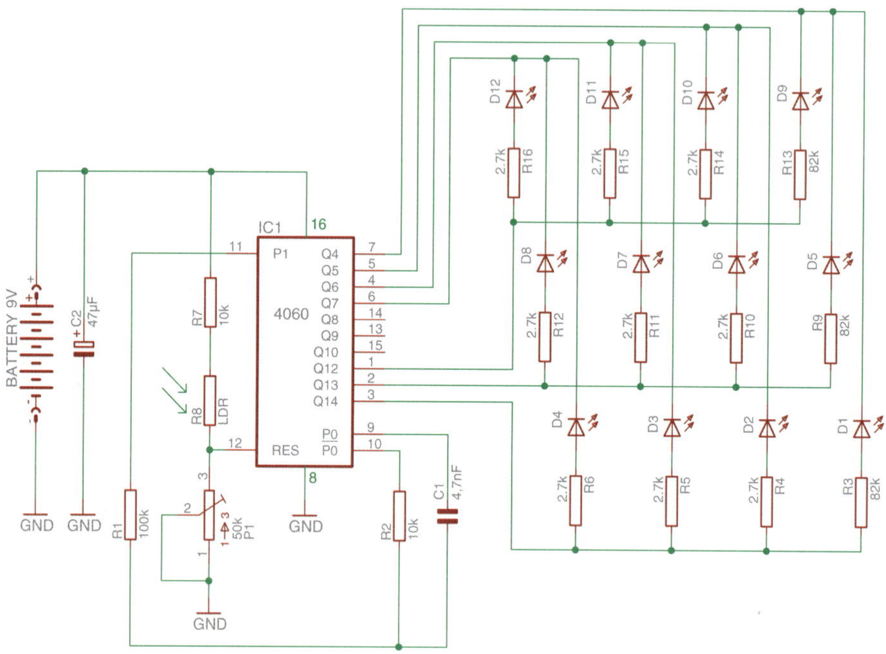

Abb. 130: Blinkende Low-Current-LEDs mit Dämmerungsschalter

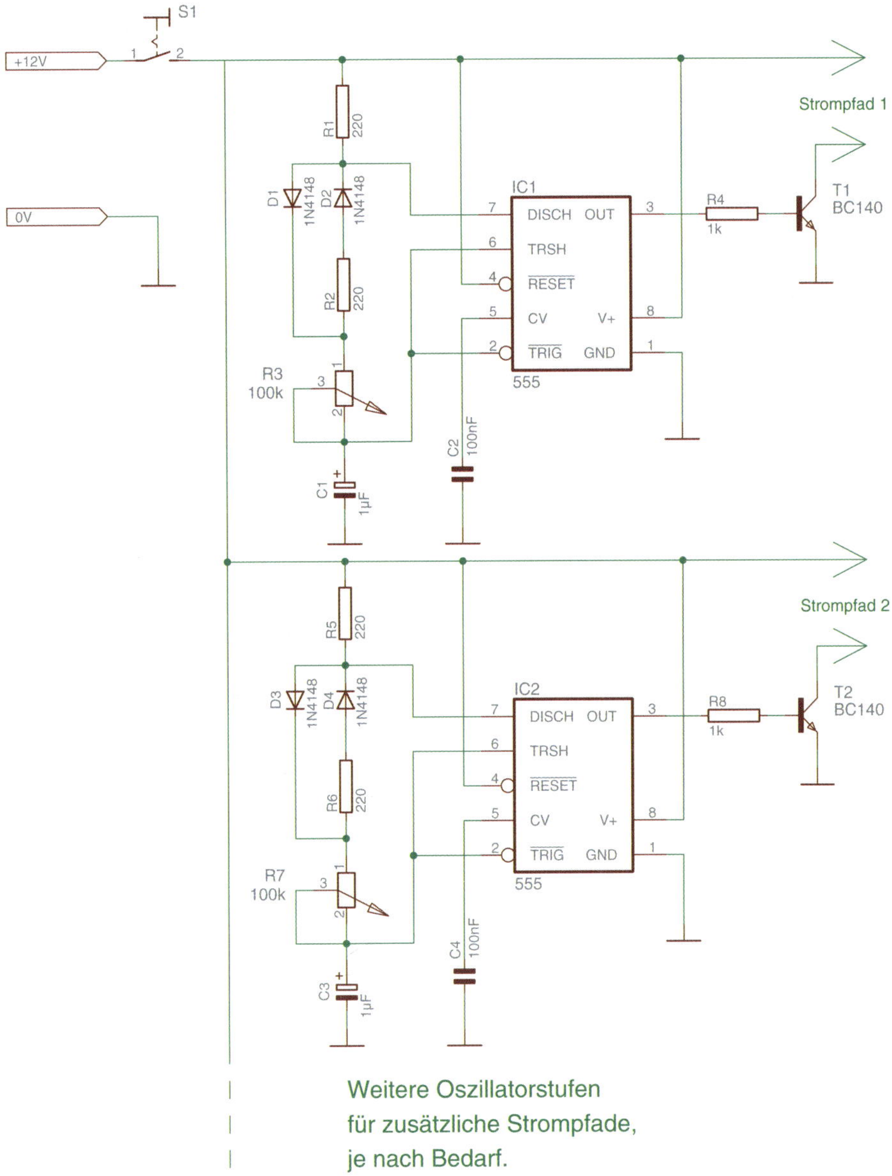

Abb. 131: Farbwechselschaltung für Multicolor-LEDs

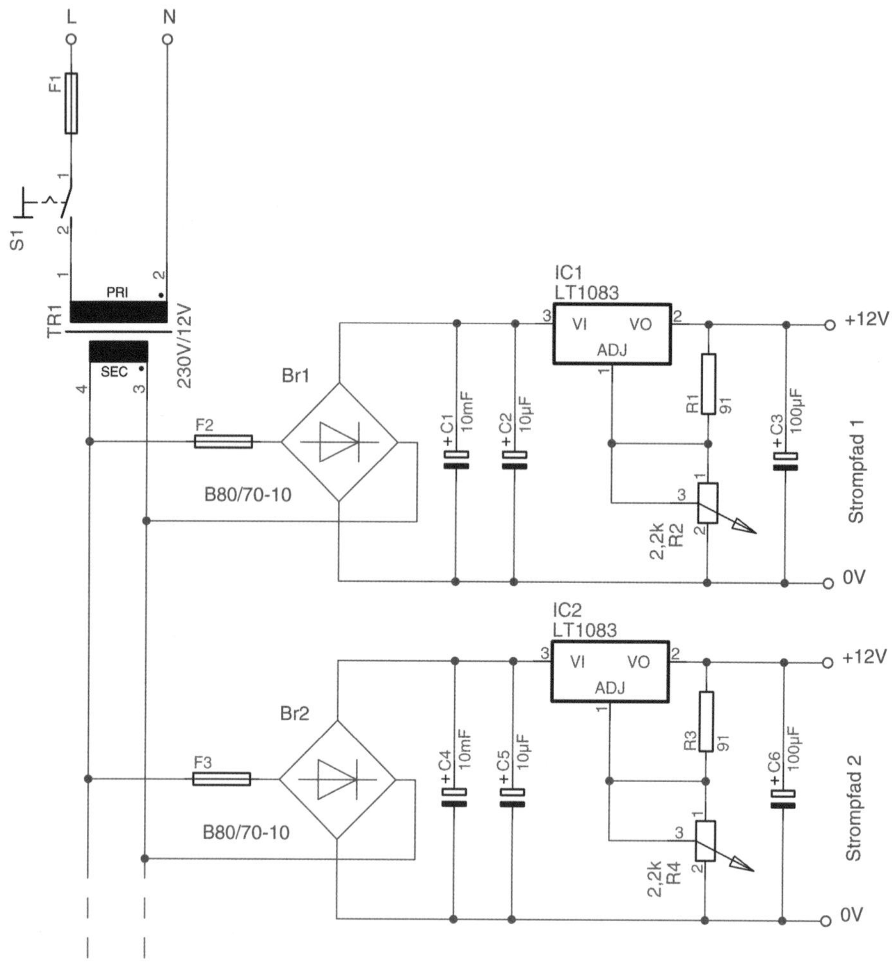

Abb. 132: 12-V-Netzteil für LED-Stromversorgung

13 Glossar

Beleuchtungsstärke: der auf die beleuchtete Fläche bezogene Lichtstrom bei senkrecht bestrahlter Fläche.

Elektrische Spannung: Potenzialdifferenz zwischen zwei räumlich voneinander getrennten elektrischen Ladungen. Die elektrische Spannung gibt an, wie viel Energie erforderlich ist, um eine Ladung von 1As durch den Leiter fließen zu lassen. Die Einheit ist das Volt.

Elektrischer Strom: elektrische Ladung, die pro Zeiteinheit durch den Leiterquerschnitt fließt. Die Einheit des elektrischen Stroms ist das Ampere.

Feld: Wertverteilung einer physikalischen Größe, die von Ort und Zeit abhängt. Beispielsweise wirken in einem elektrischen Feld Kräfte auf elektrische Ladungen oder in einem magnetischen Feld Kräfte auf magnetisch beeinflussbare Körper.

HF: Kurzform von Hochfrequenz; Frequenzen ab ca. 10 kHz. An den Hochfrequenzbereich schließt sich der Infrarotbereich an; manche unterscheiden auch noch den Terahertzbereich, der unmittelbar vor dem Infrarotbereich liegt.

Influenz: Unter dem Einfluss eines elektrischen Felds werden elektrische Ladungen auf der Oberfläche von ursprünglich neutralen Körpern getrennt.

Ladung: eine Eigenschaft der Materie. Zwei Sorten von elektrischen Ladungen werden unterschieden, die man positive und negative elektrische Ladungen nennt. Gleichnamige Ladungen stoßen sich ab, ungleichnamige Ladungen ziehen sich an.

Lichtstärke: der auf den Raumwinkel bezogene Lichtstrom.

Lichtstrom: die von einer Lichtquelle nach allen Richtungen abgestrahlte Lichtleistung.

Oszillogramm: die grafische Darstellung einer physikalischen Größe in Abhängigkeit von der Zeit; z. B. der zeitliche Verlauf einer Sinusspannung auf dem Oszilloskop.

Plasma: ionisiertes Gas, das sehr heiß ist und positiv geladene Gasionen und Elektronen enthält.

Selbstentladung: Steigert man die elektrische Feldstärke in einem Gas, z. B. Luft, wird ab einem bestimmten Wert das Gas elektrisch leitend.

14 Schlusswort

Man könnte meinen, dass dieses Buch zum verschwenderischen Umgang mit Elektrizität anregt. Genau das Gegenteil ist aber der Fall. Die meisten Illuminationsprojekte, die man heute mit LEDs löst, hat man früher mit Glühlämpchen umgesetzt, in manchen Fällen auch mit Glimmlampen. Durch den Einsatz von LEDs wird weniger elektrische Energie benötigt als bei der Verwendung von Glühlampen. Der Markt, auch im Bereich der LEDs, verändert sich ständig. Deshalb ist es sinnvoll, Baumärkte zu besuchen, Elektronikkataloge durchzuwälzen und Internetrecherchen durchzuführen, will man auf dem neuesten Stand der Möglichkeiten mit LEDs bleiben.

15 Anhänge

Anhang 1
Adressen für den sicheren Umgang mit Leistungsleuchtdioden und Halbleiterlasern:

Berufsgenossenschaft Elektro Textil Feinmechanik

Hauptverwaltung

Gustav-Heinemann-Ufer 130

50968 Köln

Telefon: 0221 3778-0

Telefax: 0221 3778-1199

E-Mail: info@bgetf.de

VDE VERLAG GMBH

Bismarckstr. 33

10625 Berlin

Telefon: 030 348001-0 (Zentrale)

kundenservice@vde-verlag.de

Beim VDE-Verlag ist u. a. die folgende Norm erhältlich (Inhaltsverzeichnis siehe Anhang 2):

DIN EN 60825-1

Sicherheit von Lasereinrichtungen

Teil 1: Klassifizierung von Anlagen und Anforderungen

(IEC 60825-1:2007); Deutsche Fassung EN 60825-1:2007

Anhang 2

Inhaltsverzeichnis der Norm DIN EN 60825-1 [Mit freundlicher Genehmigung von DKE – Deutsche Kommission Elektrotechnik] Elektronik Informationstechnik im DIN und VDE (der komplette Druck muss käuflich erworben werden)

Anhang 3

Datenblatt der superhellen LED des Typs SE-5OS-300WC, Durchmesser 5 mm, Farbe weiß, Artikel-Nr.: 180001-62; [Mit freundlicher Genehmigung von Conrad Electronic]

SE-5OS-300WC

▪Features

- 5ø Standard Directivity
- Superior Weather-resistance
- UV Resistant Epoxy
- Water Clear Type
- RoHS Compliant

▪Applications

- General Purpose Indicators
- Small Area Illuminations
- Back Lighting

▪Outline Dimension

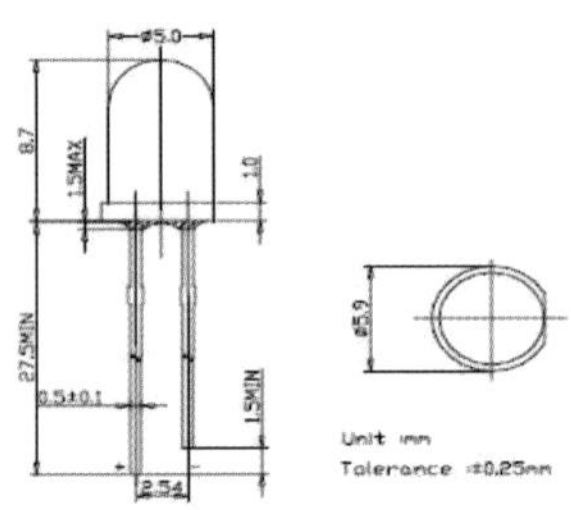

▪Absolute Maximum Rating (Ta=25℃)

Item	Symbol	Value	Unit
DC Forward Current	I_F	20	mA
Pulse Forward Current*	I_{FP}	100	mA
Reverse Voltage	V_R	5	V
Power Dissipation	P_D	120	mW
Operating Temperature	Topr	-30~ +80	℃
Storage Temperature	Tstg	-30 ~+100	℃
Lead Soldering Temperature	Tsol	260℃/3sec	-

*Pulse width Max.10ms Duty ratio max 1/10

▪Directivity

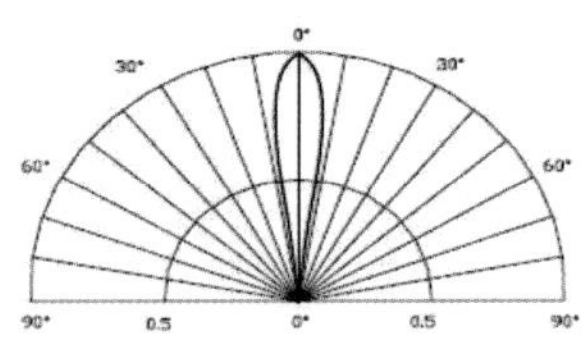

▪Electrical -Optical Characteristics (Ta=25℃)

Item	Symbol	Condition	Min.	Typ.	Max.	Unit
DC Forward Voltage	V_F	I_F=20mA	2.8	3.3	3.8	V
DC Reverse Current	I_R	V_R=5V		-	10	µA
Luminous Intensity	Iv	I_F=20mA	25000	30000	36000	mcd
Chromaticity Coordinate*	x	I_F=20mA	0.27	0.31	0.35	
	y	I_F=20mA	0.28	0.30	0.33	
50% Power Angle	$2\theta_{1/2}$	I_F=20mA	-	15	-	deg

*Please refer to CIE 1931 chromaticity diagram.

Anhang 4

Datenblatt der superhellen weißen LED YI-WS5 [Mit freundlicher Genehmigung von Conrad Electronic]

FEATURES

- **Highly Luminous Ultra Bright**
- **InGaN Technology Chip**
- **YAG Phosphor**
- **Super Luminous Intensity 9200 mcd**
- **High Luminous Flux 2.6 lm**
- **Extremely Uniform White Light**
- **Water Clear Resin Package**
- **5mm Resin Mold with 3mm size option**
- **Wide Viewing Angles 20°, 40°**
- **Stand-Off Options**

BENEFITS

- **Low Energy Consumptions**
- **Low Maintenance Costs**
- **High Application Design Flexibility**
- **High Reliability**
- **Prompt Shipment**
- **Very Competitive prices**

APPLICATIONS

- **Model Railroad and Auto Headlights**
- **Torch / Miniature Flash Lights**
- **Garden Lights**
- **Microscope Illuminators (Ring Lights)**
- **Electronic Displays and Signals**
- **Legend Back Lights**
- **Optical Indicator Lights**
- **Display / Decoration Lights**
- **Cavity Lights/ Effect Lights**
- **Desk Lamp Lights**
- **Channel Letter Lights**
- **Lantern Lights**

Package Dimensions

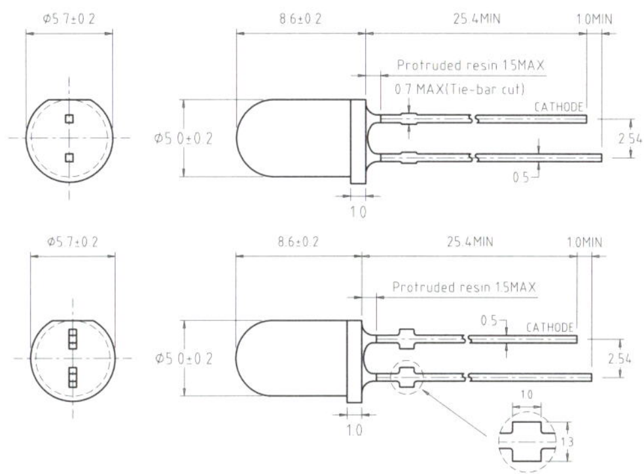

Notes:

1. All dimensions are in millimeters (inches).
2. Tolerance ± 0.25 (0.01") mm unless otherwise noted.
3. Protruded resin under flange is 1.0mm (0.04") max.
4. Lead spacing is measured where the leads emerge from the package
5. Specifications are subject to change without prior notice.

Delivery

- **Bulk, 500 pieces per bag standard**
- **Ammo or Reel are available upon request**

CAUTION: ***YI-WS 5*** series LEDs are ***Class 1 ESD*** sensitive. Static Electricity and surge damage the LEDs. It is recommended to use a wristband or anti-electrostatic glove when handling LEDs. All devices, equipment and machinery must be properly grounded.

Absolute Maximum Ratings at Ta = 25°C

Forward Voltage	V_f	3.2 ± 0.3 V
Continuous Forward Current	I_f	30 mA
Power Dissipation	P_d	120 mW
Peak Forward Current	I_{fp}	150 mA
Derating Factor		0.40 mA/ °C
Reverse Voltage	V_r	5 V
Operating Temperature	T_{op}	-25 ~ +85°C
Storage Temperature	T_{stg}	-35 ~ +100°C
Soldering Temperature	T_{sd}	260°C / 5 Sec

Luminous Intensity I_v at I_f = 20 mA

Type	Rank R			Rank S	
Unit: mcd	*Min.*	*Typ.*	*Max/Min.*	*Typ*	*Max*
YI-WS5S20	5600	6800	8000	9200	11000
YI-WS5N30	3500	4200	5100	5500	6200
YI-WS5N40	1500	1800	2300	2800	3600

Notes: Viewing Angle 40° with Normal Lens Shape

Luminous Flux Φv at I_f = 20 mA

Type	Rank R			Rank S	
Unit: lm	*Min.*	*Typ.*	*Max/Min.*	*Typ*	*Max*
YI-WS5S20	1.8	2.0	2.2	2.4	2.6
YI-WS5N30	1.8	2.0	2.2	2.4	2.6
YI-WS5N40	1.8	2.0	2.2	2.4	2.6

Typical Electrical / Optical Characteristics Curves at Ta = 25°C

Beam Pattern

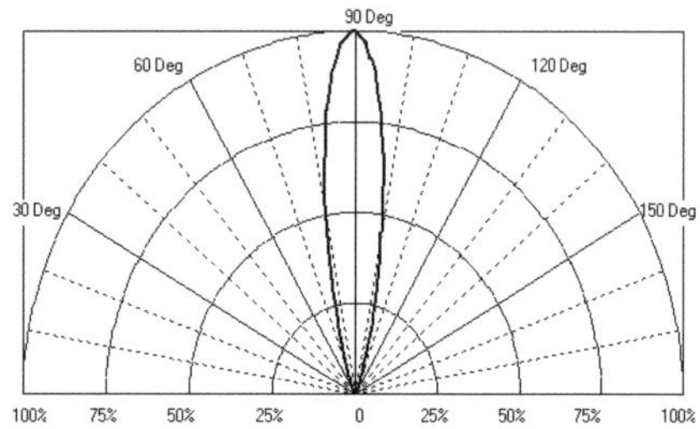

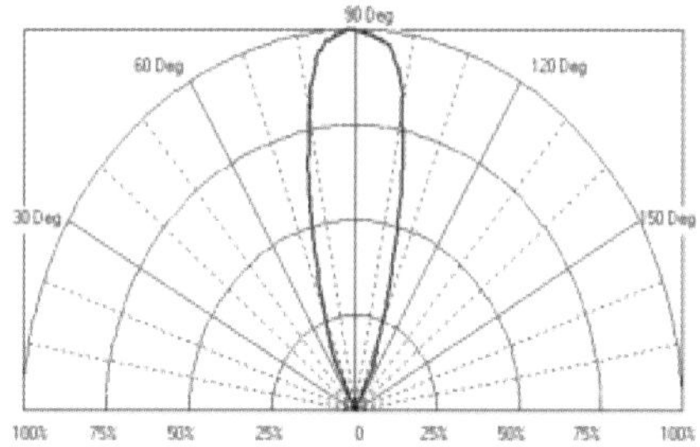

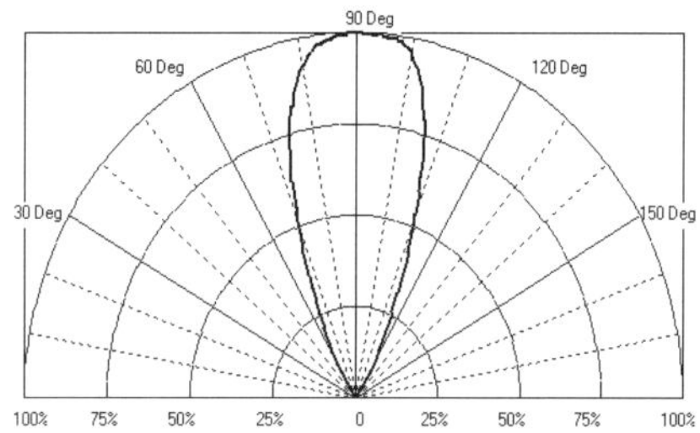

Golden White Color Coordinates

X	0.463	0.463	0.505	0.505
Y	0.42	0.456	0.475	0.438

ICI Chromaticity Diagram

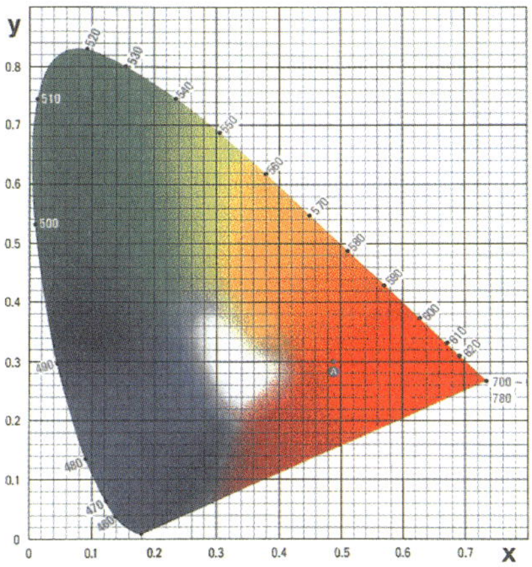

Notes:

1. The luminous intensity is measured by the CIE 1931 eye-response method with Tolerance ±15%.
2. The chromaticity coordinates are derived from the CIE 1931 chromaticity diagram and represent the perceived colors of the device.
3. Color Note: Sunny White
4. Lens Size:
   5: 5mm standard / 3: 3mm Option
5. Lens Shape:
   N: Normal Shape / S: Sharp Shape
6. Angle 2θ ½:
   20: 18°±3° / 30: 30°±3° / 40: 42°±3°
7. Stand Off:
   N: No Stand-Off / Y: With Stand-Off

Note: All data showing in this product specification are measured by proper experiment conditions and instruments. However, those data may be different due to variations of testing instruments and conditions.

Anhang 5

Datenblatt der mehrfarbigen FULL COLOR RGB LAMP [Mit freundlicher Genehmigung von Conrad Electronic]

ATTENTION
OBSERVE PRECAUTIONS FOR HANDLING ELECTROSTATIC DISCHARGE SENSITIVE DEVICES

P/N: LF5WAEMBGMBC

HIGH EFFICIENCY RED
BLUE
GREEN

Features

- TWO BLUE, ONE GREEN AND ONE RED CHIPS IN ONE PACKAGE.
- CAN PRODUCE ANY COLOR IN VISIBLE SPECTRUM, INCLUDING WHITE LIGHT.
- RoHS COMPLIANT.

Description

The High Efficiency Red source color devices are made with Gallium Arsenide Phosphide on Gallium Phosphide Orange Light Emitting Diode.
The Blue source color devices are made with GaN on SiC Light Emitting Diode.
The Green source color devices are made with Gallium Phosphide Green Light Emitting Diode.
Static electricity and surge damage the LEDS.
It is recommended to use a wrist band or anti-electrostatic glove when handling the LEDs.
All devices, equipment and machinery must be electrically grounded.

Package Dimensions

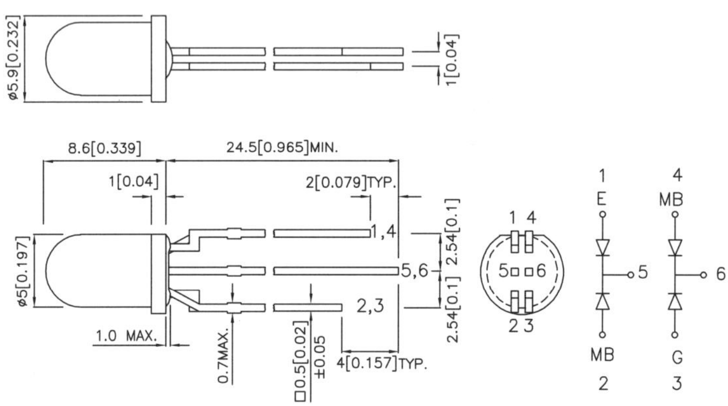

Notes:
1. All dimensions are in millimeters (inches).
2. Tolerance is ±0.25(0.01") unless otherwise noted.
3. Lead spacing is measured where the leads emerge from the package.
4. Specifications are subject to change without notice.

Selection Guide

Part No.	Dice	Lens Type	Iv (mcd) [2] @ 20mA		Viewing Angle [1]
			Min.	Typ.	2θ1/2
LF5WAEMBGMBC	HIGH EFFICIENCY RED (GaAsP/GaP)	WATER CLEAR	10	40	30°
	BLUE (GaN)		18	45	
	GREEN (GaP)		10	30	
	BLUE (GaN)		18	45	

Notes:
1. θ1/2 is the angle from optical centerline where the luminous intensity is 1/2 the optical centerline value.
2. Luminous intensity / luminous flux: +/-15%.

Electrical / Optical Characteristics at T_A=25°C

Symbol	Parameter	Device	Typ.	Max.	Units	Test Conditions
λpeak	Peak Wavelength	High Efficiency Red Blue Green	627 430 565		nm	I_F=20mA
λD [1]	Dominant Wavelength	High Efficiency Red Blue Green	625 466 568		nm	I_F=20mA
Δλ1/2	Spectral Line Half-width	High Efficiency Red Blue Green	45 60 30		nm	I_F=20mA
C	Capacitance	High Efficiency Red Blue Green	15 100 15		pF	V_F=0V;f=1MHz
V_F [2]	Forward Voltage	High Efficiency Red Blue Green	2.0 3.8 2.2	2.5 4.5 2.5	V	I_F=20mA
I_R	Reverse Current	High Efficiency Red Blue Green		10 10 10	uA	V_R= 5V

Notes:
1.Wavelength: +/-1nm.
2. Forward Voltage: +/-0.1V.

Absolute Maximum Ratings at T_A=25°C

Parameter	High Efficiency Red	Blue	Green	Units
Power dissipation	105	105	105	mW
DC Forward Current	30	30	25	mA
Peak Forward Current [1]	160	150	140	mA
Reverse Voltage	5	5	5	V
Operating / Storage Temperature	-40°C TO +85°C			
Lead Solder Temperature [2]	260°C For 3 Seconds			
Lead Solder Temperature [3]	260°C For 5 Seconds			

Notes:
1. 1/10 Duty Cycle, 0.1ms Pulse Width.
2. 2mm below package base.
3. 5mm below package base.

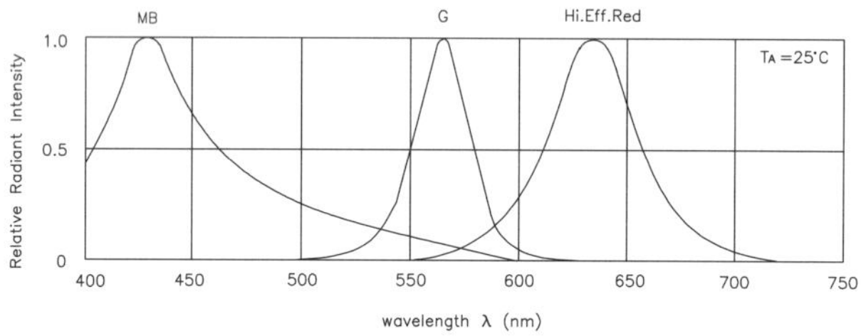

RELATIVE INTENSITY Vs. WAVELENGTH

LF5WAEMBGMBC
High Efficiency Red

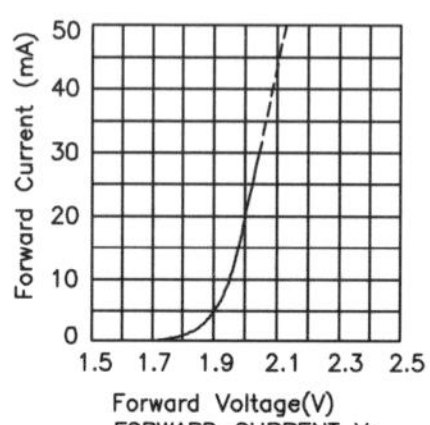

FORWARD CURRENT Vs.
FORWARD VOLTAGE

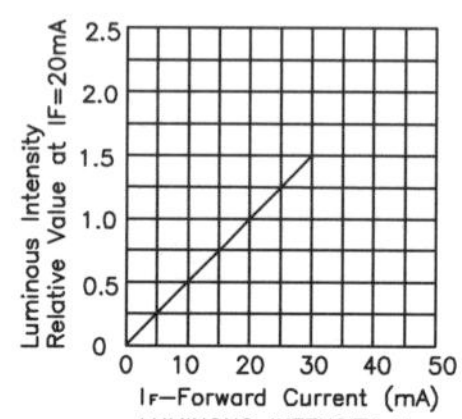

LUMINOUS INTENSITY Vs.
FORWARD CURRENT

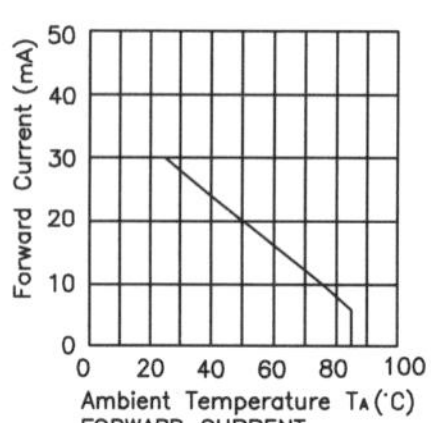

FORWARD CURRENT
DERATING CURVE

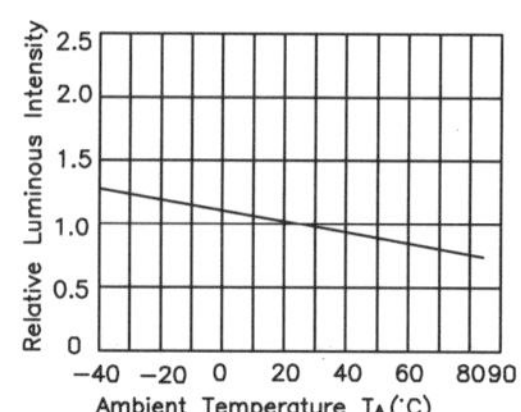

LUMINOUS INTENSITY Vs.
AMBIENT TEMPERATURE

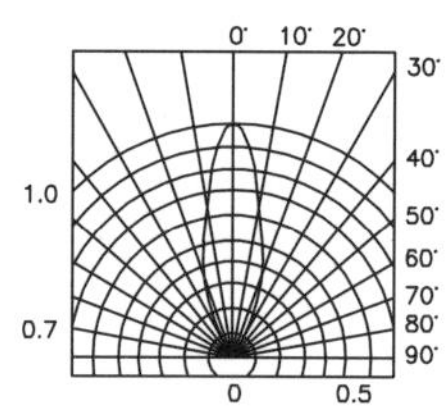

SPATIAL DISTRIBUTION

Blue

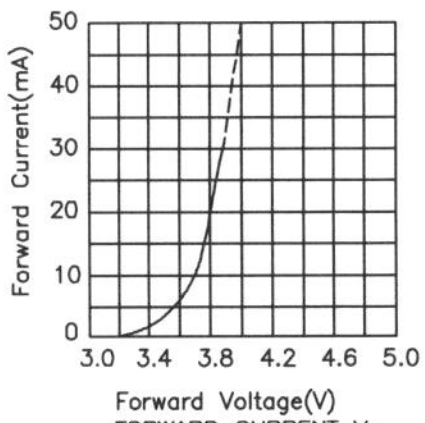

FORWARD CURRENT Vs.
FORWARD VOLTAGE

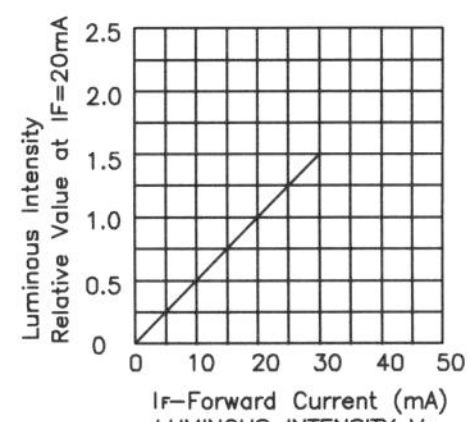

LUMINOUS INTENSITY Vs.
FORWARD CURRENT

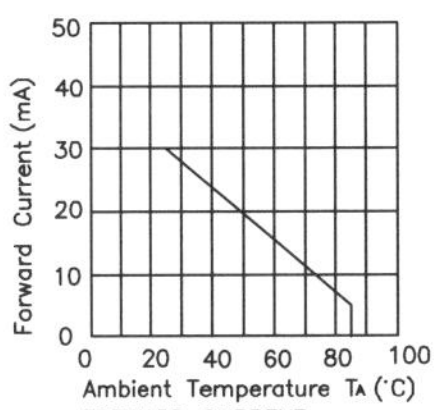

FORWARD CURRENT
DERATING CURVE

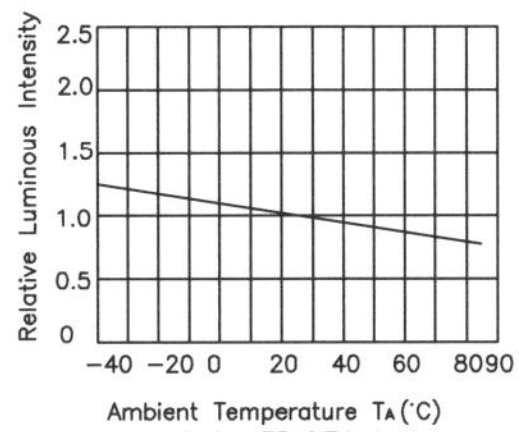

LUMINOUS INTENSITY Vs.
AMBIENT TEMPERATURE

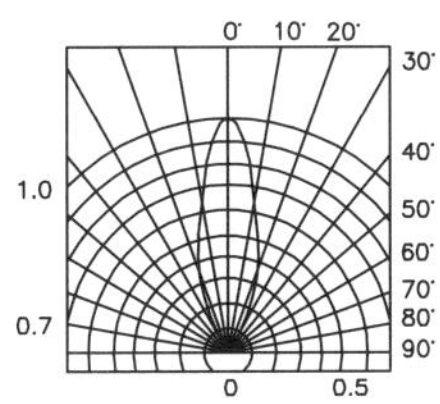

SPATIAL DISTRIBUTION

Green

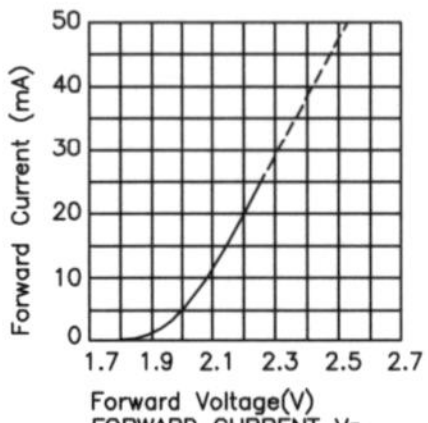

FORWARD CURRENT Vs.
FORWARD VOLTAGE

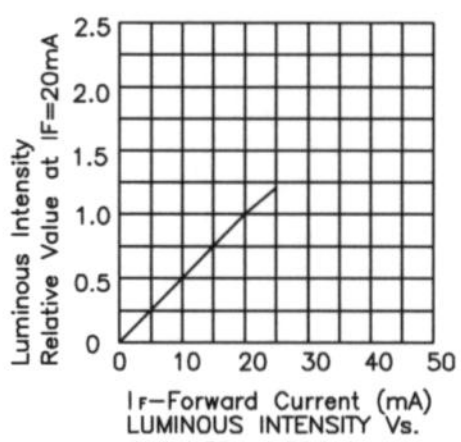

LUMINOUS INTENSITY Vs.
FORWARD CURRENT

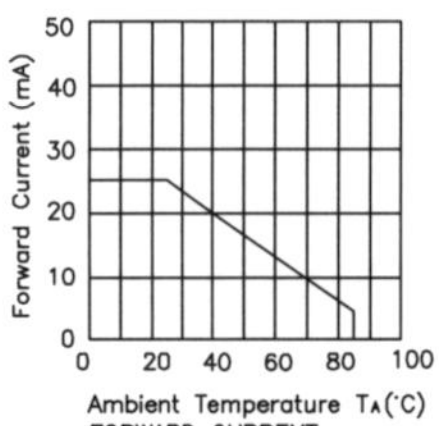

FORWARD CURRENT
DERATING CURVE

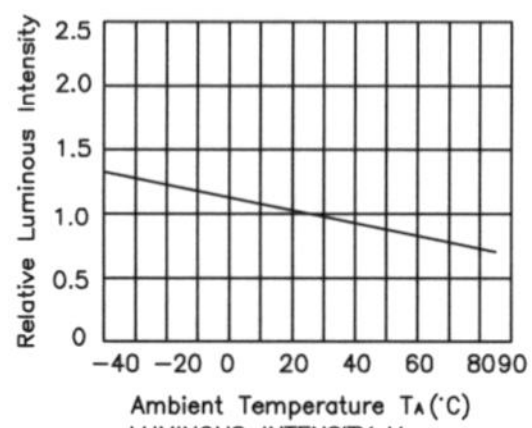

LUMINOUS INTENSITY Vs.
AMBIENT TEMPERATURE

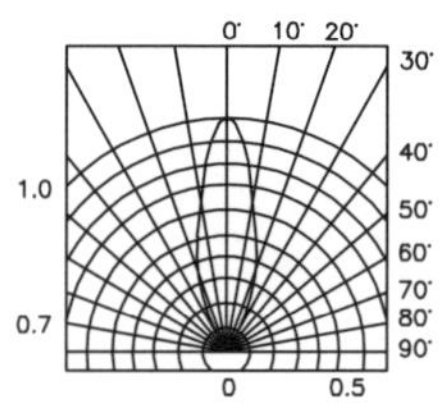

SPATIAL DISTRIBUTION

Anhang 6

X-Block® Prospekt [Mit freundlicher Genehmigung von Pusch GmbH & Co. KG]

Grenzenlose

X-BLOCK im Einsatz:

- Wände
- Theken
- Hängende Wandkonstruktionen
- Raumteiler / Büroteiler
- Möbel
- Duschwände
- Regalwände
- Sichtschutz

Ideen...

X-BLOCK – Vorteile im Überblick:

- Einfache und kostengünstige Montage
- Keine Verunreinigung oder Schmutzentwicklung beim Auf- oder Umbau durch zusätzliche Baustoffe wie z.B. Fugen- oder Mauermörtel.
- Hochwertiger Kunststoff
- Sehr gute Lichtdurchlässigkeit
- UV-Beständigkeit
- Eigenstabilität / Standsicherheit
- Widerstandsfähigkeit
- Flexibilität durch schnellen Auf- und Umbau

kinderleicht

Das X-BLOCK Baustein-Prinzip

Mit dem X-BLOCK sind Ihrer Kreativität keine Grenzen gesetzt. Vom modernen lichtdurchlässigen Raumteiler bis zu attraktiven Design- und Möbelelementen – mit dem innovativen Baukasten-System realisieren Sie Ihre Wohnwünsche mit wenigen Handgriffen selbst: Schnell. Einfach. Sauber.

1.
Der erste X-BLOCK wird in das vorbereitete Rahmenprofil eingesetzt.

2.
Die kurzen aufrechten Dichtungsprofile zwischen den einzelnen Bausteinen sorgen für sicheren Halt.

3.
Ein langes Dichtungsprofil wird auf jede vollständig montierte Reihe aufgebracht.

4.
Mit den Rahmenprofilen wird der Aufbau fixiert.

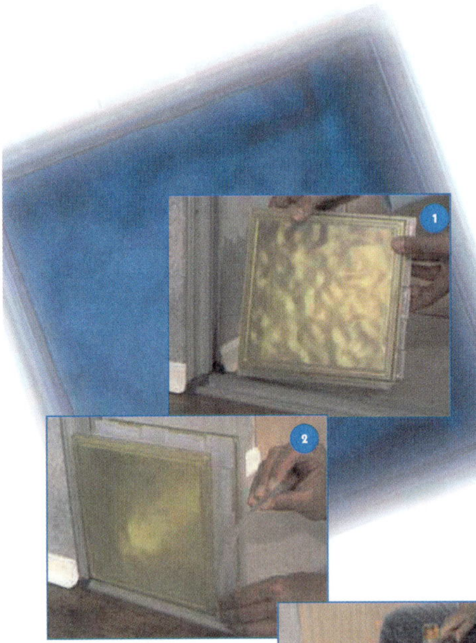

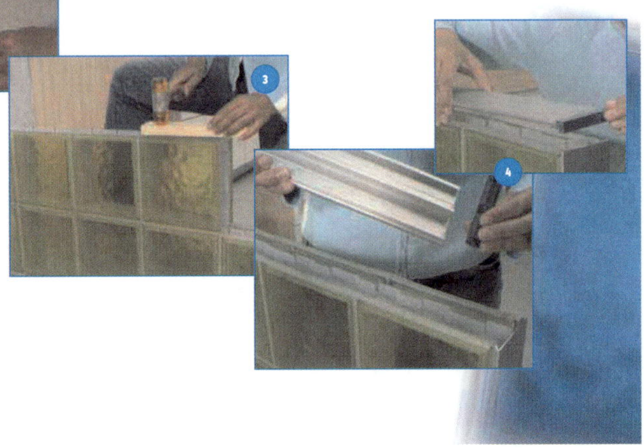

...und sauber...

Der X-BLOCK macht auch im Nassbereich eine gute Figur.

Tauschen Sie Ihren Duschvorhang gegen ein modernes pflegeleichtes Designelement aus X-BLOCK-Bausteinen und kreieren Sie sich so Ihre eigene Wohlfühl-Oase.

An Stelle der Dichtungsprofile sorgt hier eine wasserundurchlässige Silikon-Fugendichtung für unbeschwertes Badevergnügen.

Planen mit

Die X-BLOCK Planungs-Hilfe

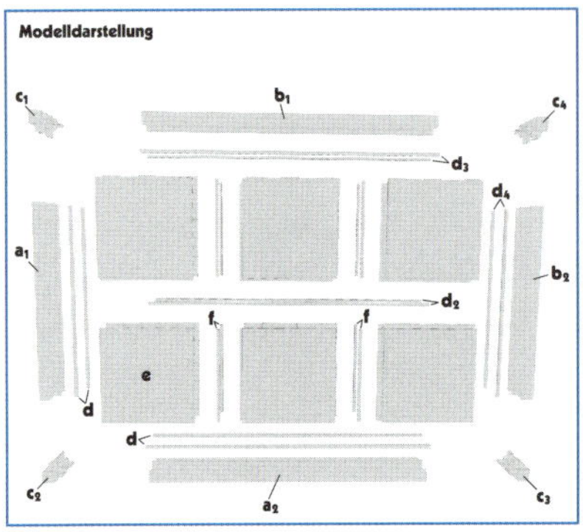

Nutzen Sie das nebenstehende Planungsdiagramm für Ihre X-BLOCK Konstruktion.

Der Maßstab beträgt 1:20, d.h. 1 cm in Ihrer Zeichnung entspricht 20 cm in der Realität. Ein X-BLOCK-Baustein füllt genau einen Quadratzentimeter aus.

Neben den Bausteinen benötigen Sie für den korrekten Aufbau auch Rahmenprofile, Dichtungsprofile und Eckverbinder. Orientieren Sie sich dabei an der Modelldarstellung links.

Versehen Sie die X-BLOCKs in Ihrer Planung bitte sowohl mit einer Farbbezeichnung als auch mit einer Dekorbezeichnung.

Übertragen Sie anschließend die Anzahl der für Ihr Bauvorhaben benötigten Materialien in das Bestellformular auf der rechten Seite.

Erläuterung zur Modelldarstellung

a_1, a_2, b_1, b_2 = Rahmenprofile

c_1, c_2, c_3, c_4 = 90° Eckverbinder

d, d_2, d_3, d_4 = Dichtungsprofile (lang)

f = Dichtungsprofile (kurz)

e = X-BLOCK

Konzept...

Bestellformular

X-BLOCK (20 x 20 x 8 cm)	*Silk-like*	*Glass-like*
Apfelgrün (Apple green)	______ Stück	______ Stück
Azur (Azure)	______ Stück	______ Stück
Bordeaux (Burgundy)	______ Stück	______ Stück
Flieder (Lilac)	______ Stück	______ Stück
Gelb (Yellow)	______ Stück	______ Stück
Orange (Orange)	______ Stück	______ Stück
Ozeanblau (Ocean blue)	______ Stück	______ Stück
Türkis (Turquoise)	______ Stück	______ Stück
Transparent (Transparent)	______ Stück	______ Stück

ANSCHNITT bei 140 mm

Rahmenprofile

Nutprofil (180cm): ______ **Stück**

Federprofil (180cm): ______ **Stück**

Dichtungsprofile

lang (0,5m2 = 7 x 1,21m / VE): ______ **VE**

kurz (0,5m2 = 20 x 195mm / VE): ______ **VE**

Verbindungsstücke

90°-Verbindungen (4 Stück/VE):

außen ______ **VE**

innen ______ **VE**

Rahmenprofil-verbinder (4 Stück/VE): ______ **VE**

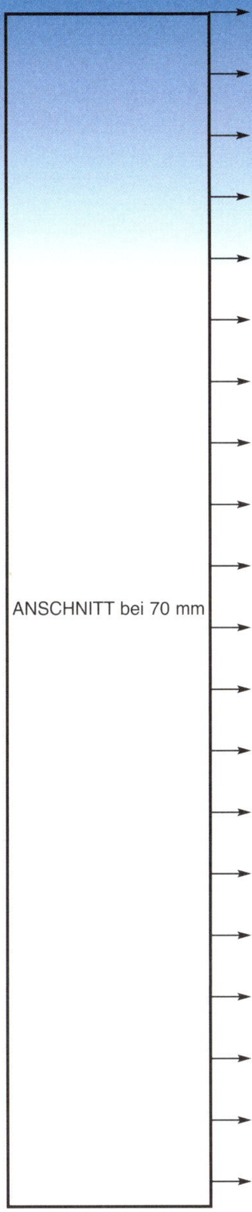
ANSCHNITT bei 70 mm

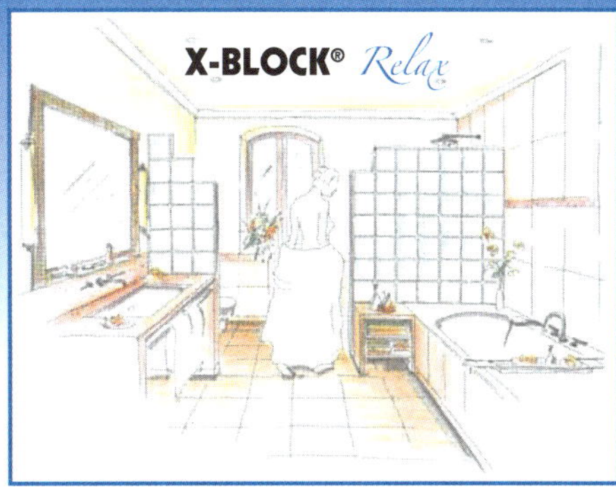
X-BLOCK® Relax

X-BLOCK® Living

X-BLOCK® Office

Anhang 7

X-Block® Montageanleitung [Mit freundlicher Genehmigung von Pusch GmbH & Co. KG]

X-BLOCK® – Montage mit System:

Explosionszeichnung

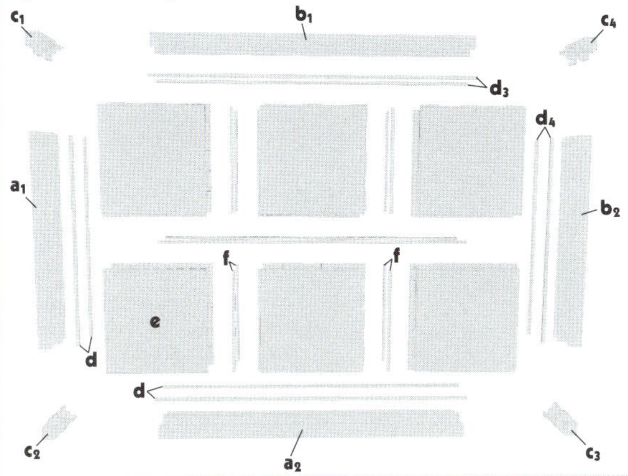

Bild 1: Rahmenprofile

„Nut" **„Feder"**

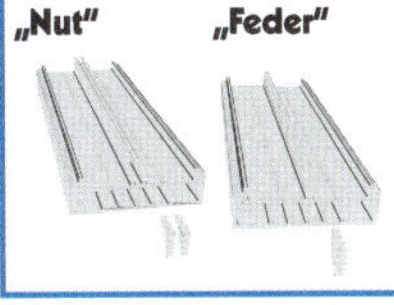

Bild 2

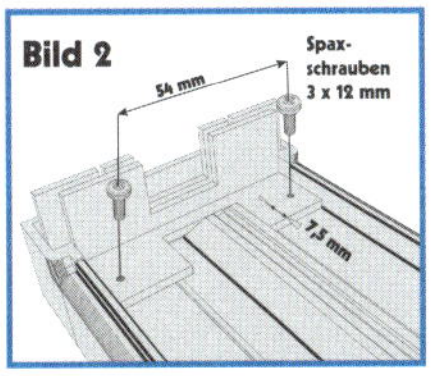

Bild 3

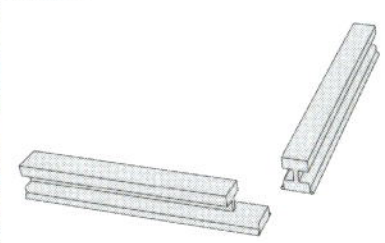

Bild 4

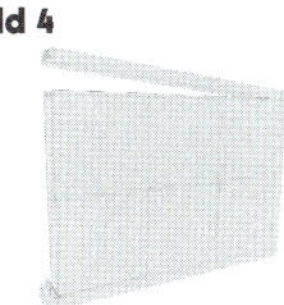

Bild 5

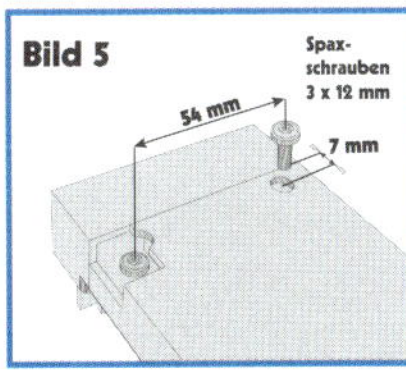

Bild 6

1. Zuschnitt der Rahmenprofile auf die gewünschte Länge nach folgender Formel:

   ______ × 200 mm = ______ + 2 mm = ______
   Anzahl X-BLOCKS — Zwischenergebnis — Endergebnis

2. Die Spitzen aller Rahmenprofile (sowohl Nut als auch Feder) müssen an jeweils beiden Enden mit einer Säge gekappt werden. (Bild 1)
3. Verbinden der beiden Nutprofile (a_1 + a_2) mit den 90°-Verbindungsstücken (c_1 + c_2 + c_3) mit anschließender Verschraubung (Bild 2)
4. Beim Aufeinandertreffen der langen Dichtungsprofile (d) im Winkel (90°-Verbindungsstück) werden die senkrecht verlaufenden Dichtungsprofile beidseitig an der schmalen Seite ca. 3 mm mit einem Messer „ausgeklinkt" (Bild 3)
5. Aufsetzen der langen Dichtungsprofile (d) auf die beiden Nutprofile (a_1 + a_2). Achtung: Die breite Seite zeigt immer nach außen!
6. Einsetzen des ersten X-BLOCKs (e). Die Markierung auf der Nutseite ⦿ eines jeden X-BLOCKs muss immer links unten in der Ecke der bereits montierten Rahmenprofile positioniert sein.
7. Aufstecken der kurzen Dichtungsprofile (f), wobei die breite Seite auch hier immer nach außen gerichtet sein soll.
8. Wiederhollen der Schritte 6 und 7 bis die gewünschte Breite des Bauvorhabens erreicht ist.
9. Aufsetzen der langen Dichtungsprofile (d_2) auf die erste X-BLOCK-Reihe.
10. Wiederholen der Schritte 7-9 bis die gewünschte Höhe Ihres Bauvorhabens erreicht ist.
11. Anbringen der beiden letzten waagerechten Dichtungsprofile (d_3).
12. Montieren des waagerechten Federprofils (b_1), indem man es in das bereits montierte 90°-Verbindungsstück (c_1) „einschiebt" und danach mit Druck auf die oberste X-BLOCK-Reihe anbringt! (Bild 4)
13. Anbringen der beiden letzten senkrechten Dichtungsprofile (d_4).
14. Aufstecken und verschrauben des letzten 90°-Verbindungsstück (c_4) auf das verbleibende Federprofil (b_2) (Bild 2) .
15. „Einschieben" des Federprofils (b_2) mit dem montierten 90°-Verbindungsstuck (c_4) in das untere 90°-Verbindungsstück (c_3). Mit Druck von unten nach oben rastet das Federprofil so ein, dass der am Ende montierte 90°-Verbinder in das Federprofil (b_1) eingeschoben wird (Bild 6).
16. Verschraubung der 90°-Verbindungsstucke (c1 + c4 + c3) von außen (Bild 5). Um die Schraublöcher zu verdecken, empfehlen wir etwas weißes Silikon.

Hinweis:
Zur Verfugung im Nass- und Außenbereich empfehlen wir X-BLOCK-Silikon an Stelle der Dichtungsprofile zu verwenden.

X-BLOCK®
Design, das verbindet...

Weitere Informationen finden Sie im Internet unter

http://www.x-block.com

Anhang 8

X-Block® Projektplaner [Mit freundlicher Genehmigung von Pusch GmbH & Co. KG]

Planung mit Konzept

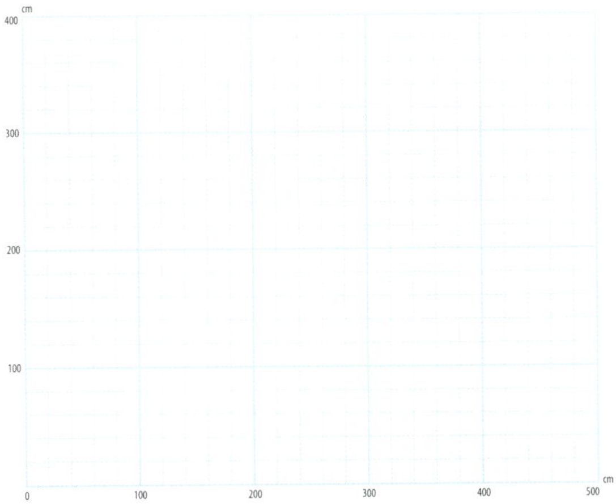

X-BLOCK	Farbe	Art.-Nr.	silk-like Stück	Art.-Nr.	glass-like Stück	Einzelpreis	Gesamtpreis
	apfelgrün	380136		380118			
	azur	380138		380120			
	bordeaux	380140		380122			
	flieder	380142		380124			
	gelb	380144		380126			
	orange	380146		380128			
	ozeanblau	380148		380130			
	transparent	380150		380132			
	türkis	380152		380134			
Rahmenprofile (Aluminium silber)				Art.-Nr.	Stück	Einzelpreis	Gesamtpreis
Federprofil (180 cm)				380207			
Nutprofil (180 cm)				380208			
Dichtungsprofile (Kunststoff transparent)				Art.-Nr.	VE	Einzelpreis	Gesamtpreis
kurz (20 x 19,5 cm / VE)				380193			
lang (7 x 121 cm / VE = 8,4 lfdm)				380198			
Hinweis: Im Nassbereich verwenden Sie bitte Silikon an Stelle der Dichtungsprofile.							
90° Eckverbindungsstücke (Kunststoff silber)				Art.-Nr.	VE	Einzelpreis	Gesamtpreis
außen (4 Stück je VE)				380210			
innen (4 Stück je VE)				380211			
Rahmenprofilverbinder				Art.-Nr.	VE	Einzelpreis	Gesamtpreis
Set (4 Stück je VE)				380209			
Hinweis: Pro Verbindung zweier Rahmenprofile benötigen Sie zwei Rahmenprofilverbinder (= 0,5 Sets).							

Bitte geben Sie Ihre Kontaktdaten an, damit wir Sie nach der Bedarfskalkulation für Ihr X-BLOCK-Bauvorhaben umgehend informieren können.

Name ______________________

Adresse ______________________

PLZ/Ort ______________________

Rufnummer ______________________

e-Mail ______________________

X-BLOCK-Komponenten

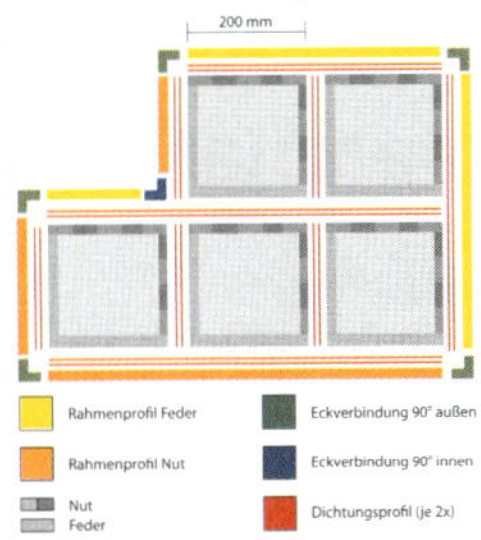

Hinweis:
Bitte orientieren Sie sich an u. a. Beispielberechnung. Sie brauchen immer Nut- und Federprofile für den vollständigen Aufbau einer X-BLOCK-Wand.

Beispielberechnung

Eine X-BLOCK-Wand mit Aluminiumrahmenprofil von ca. 300 x 200 cm berechnen Sie wie folgt:

X-BLOCKs
Breite 300 cm / 20 cm = 15 Steine waagerecht
Höhe 200 cm / 20 cm = 10 Steine senkrecht
15 x 10 = 150 X-BLOCKs

Dichtungsprofile
je 1 VE Dichtungsprofil lang = 8,47 lfdm
11 X-BLOCK-Reihen je 300 cm x 2 = 66 lfdm = 8 VE
2 Senkrechte je 200 cm x 2 = 8 lfdm = 1 VE
9 VE Dichtungsprofile lang

Dichtungsprofil kurz
(20 Profile à 19,5 cm / VE)
a. (Anzahl der X-BLOCKs je Reihe - 1) = 14
b. (Anzahl der Reihen) = 10
14 x 10 x 2 Stück / 20 Stück je VE = 14 VE
14 VE Dichtungsprofile kurz

Rahmenprofil (Nut)
Breite: 1.800 + 1.200 mm, Höhe: 1.800 + 200 mm

Rahmenprofil (Feder)
Breite: 1.800 + 1.200 mm, Höhe: 1.800 + 200 mm
3 Stück Nutprofil 180 cm
3 Stück Federprofil 180 cm
1 VE Eckverbindungen außen (4 Stück)
1 VE Rahmenprofilverbinder (4 Stück)

Ihr Baumarkt nimmt Ihre Skizze gerne entgegen (bitte mit vollständiger Anschrift) und kalkuliert den exakten Bedarf an X-BLOCK-Komponenten für Sie.

Oder ermitteln Sie online mit dem X-BLOCK-Planer die Materialien für Ihr Bauvorhaben unter http://x-block.polymer-pusch.de

Mit der Anwendung können Sie Ihre Umsetzung planen, den Materialbedarf kalkulieren und den vollständig ausgefüllten Bestellschein für Ihren Baumarkt bequem ausdrucken.

Anhang 9
Datenblatt der LED-Strahler Lampe vom Typ HIGHPOWER mit 38 LEDs [Mit freundlicher Genehmigung von Conrad Electronic]

Datenblatt

Bitte beachten Sie:
Einige Angaben treffen je nach Leuchtmitteltyp nicht zu!
(KA = Keine Angaben vorhanden, NZ = Nicht zutreffend)

1. Allgemeine Daten

Conrad-Artikelnummer	574581
Bezeichnung	HIGHPOWER 38LED-LEUCHTM. GU5.3,WARM-WEIß
Lieferumfang (Anzahl)	1
Ausführung (Matt, Klar)	Klar
Farbe	Warm-Weiß
Sockeltyp	GU 5.3
Abstrahlwinkel (Grad, °)	20

2. Technische Daten

Betriebsspannung (Volt, V)	12
Nennleistung (Watt, W)	1,7
Lichtstrom (Lumen, lm)	27
Lichtstärke (Candela, cd)	182
Farbtemperatur (Kelvin, K)	2900

3. Sonstige Daten

Durchmesser (mm), ca.	50
Länge (mm), ca.	KA

Anhang 10
LED-Strahler-Lampe vom Typ HIGHPOWER mit 38 LEDs, Datenblatt siehe Anhang 9 [Mit freundlicher Genehmigung von Conrad Electronic]

Anhang 11

Kurze Erklärung der wichtigsten physikalischen Größen der Fotometrie (siehe auch [5]und [6] in Kapitel 17 „Quellennachweis")

Fotometrie

Lichtstrom Φ mit der Einheit Lumen (abgekürzt lm):
Die von einer Lichtquelle nach allen Richtungen abgestrahlte Lichtleistung.

Raumwinkel Ω mit der Einheit Steradiant (abgekürzt sr):
Der Quotient aus der Kugelausschnittsfläche und dem Quadrat des Radius: $\Omega = \frac{A}{r^2}$

Der volle Raumwinkel beträgt $\Omega = 4\pi sr$. Ein Kreiskegel mit einem Raumwinkel von $\Omega = 1sr$ hat einen Öffnungswinkel von 65,6°.

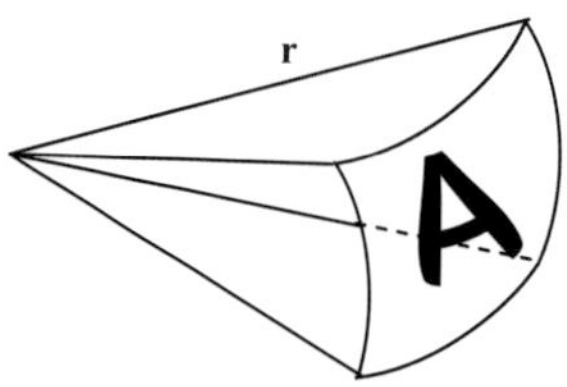

Lichtstärke I mit der Einheit Candela (abgekürzt cd):

Lichtstrom bezogen auf den Raumwinkel: $I = \frac{\Phi}{\Omega}$

Die Einheit ergibt sich zu: $[I] = \frac{lm}{sr} = cd$

Beleuchtungsstärke E mit der Einheit Lux (abgekürzt lx):

Lichtstrom bezogen auf die senkrecht bestrahlte Fläche: $I = \frac{\Phi}{\Omega}$

Die Einheit ergibt sich zu: $[E] = \frac{lm}{m^2} = lx$

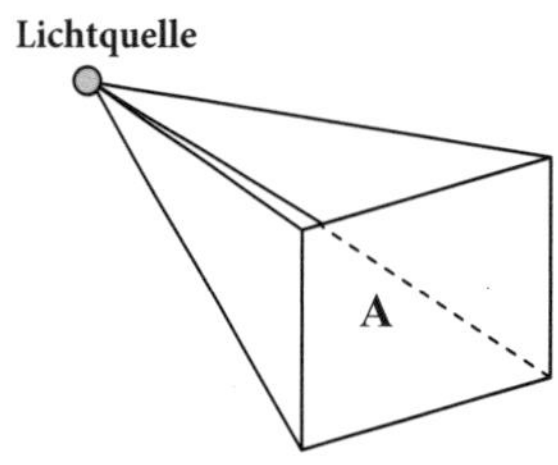

Anhang 12
Datenblatt der 5W High Power LED vom Typ EHP-B03LS-DA/UT04-P05 [Mit freundlicher Genehmigung von Conrad Electronic]

EVERLIGHT ELECTRONICS CO.,LTD.

Technical Data Sheet
High Power LED – 5W (Preliminary)

EHP-B03LS-DA/UT04-P05

Features

- Feature of the device: small package with high efficiency
- Typical color temperature: 6500 K.
- View angle: 130°.
- Typical light flux output: 190 lm @ 700mA.
- ESD protection.
- Soldering methods: SMT.
- Grouping parameter: total luminous flux, color temperature.
- Typical optical efficiency: 38 lm/W.
- Thermal resistance (junction to Star heatsink):11 K/W
- The product itself will remain within RoHS compliant version.

Descriptions

- The series are specially designed for applications requiring higher brightness.
- LED should mount onto the Metal Aluminum-cored printed circuit board

Applications

- backlighting (illuminated advertising, general lighting)
- reading lamps (aircraft, car, bus)
- indoor and outdoor commercial and residential architectural lighting
- decorative and entertainment lighting
- signal and symbol luminaries for orientation
- indication lights (e.g. steps, exit ways, etc.)

Materials

Items	Description
Housing black body(PCB)	Heat resistant polymer
Reflector	Heat resistant polymer
Heat Sink	Copper
Encapsulating Resin	Silicone resin
Lens	Heat resistant clear silicone
Electrodes	Ag plating copper alloy
Die attach	Silver paste
Chip	InGaN—Blue

EVERLIGHT ELECTRONICS CO.,LTD.

EHP-B03LS-DA/UT04-P05

Package Outline Dimensions

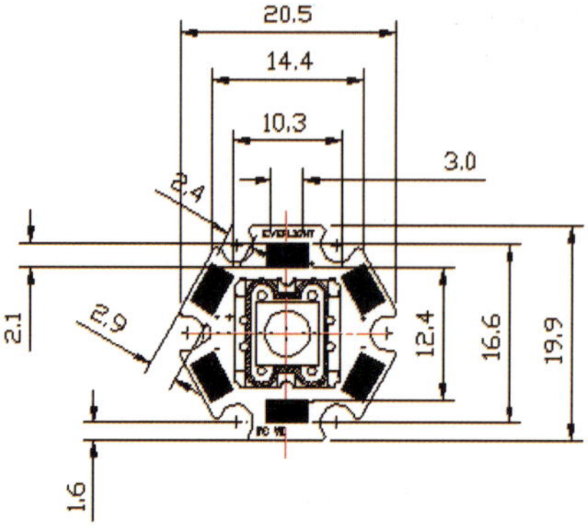

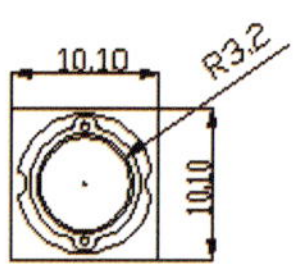

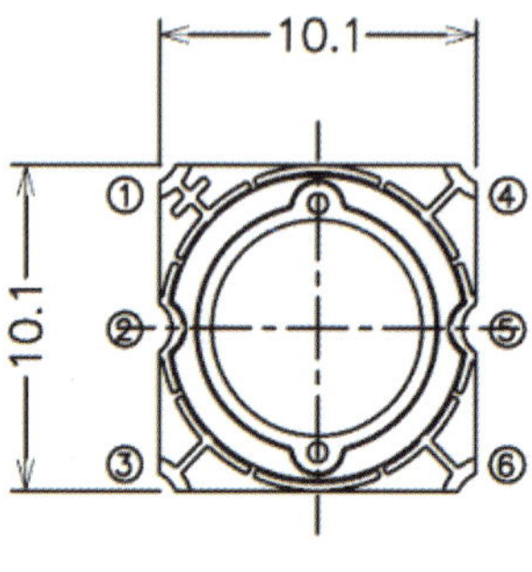

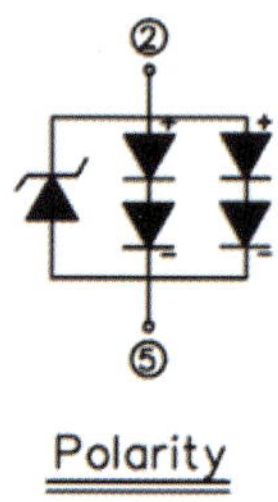

Notes: 1. Dimensions are in millimeters
2. Tolerances unless dimensions ±0.25mm

EVERLIGHT

EVERLIGHT ELECTRONICS CO.,LTD.

EHP-B03LS-DA/UT04-P05

Maximum Ratings ($T_{Ambient}$=25ºC)

Parameter	Symbol	Rating	Unit
Operating Temperature	T_{opr}	-40 ~ +80	ºC
Storage Temperature	T_{stg}	-40 ~ +100	ºC
Junction Temperature	T_J	125	ºC
Thermal resistance of junction to heat sink	R_{th}	11	K/W
Pulse Forward Current	I_F	1000	mA
Pulse Power Dissipation	P_d	5	W

Electro-Optical Characteristics ($T_{Ambient}$=25ºC)

Parameter	Bin	Symbol	Min	Typ.	Max	Unit	Condition
Luminous Flux(1)	N1	Φ_v	130	----	160	lm	I_F=700mA
	N2		160	----	200		
	N3		200	----	250		
Forward Voltage(2)		V_F	6.6	----	8.0	V	
Viewing Angle(3)	----	$2\theta_{1/2}$	----	130	----	deg	
Color Temperature(4)		CCT	4500	6300	10000	K	

Note. 1. Luminous flux measurement tolerance : ±10%

2. Forward Voltage measurement tolerance : ±0.1V

3. $2\theta_{1/2}$ is the off axis angle from lamp centerline where the luminous intensity is 1/2 of the peak value.

4. CCT bin refer to document "High Power Illumination emitters labeling and binning" of Everlight.

EVERLIGHT ELECTRONICS CO.,LTD.

EHP-B03LS-DA/UT04-P05

Typical Electro-Optical Curves

Relative Spectral Distribution
I_F=700mA, $T_{Ambient}$=25ºC

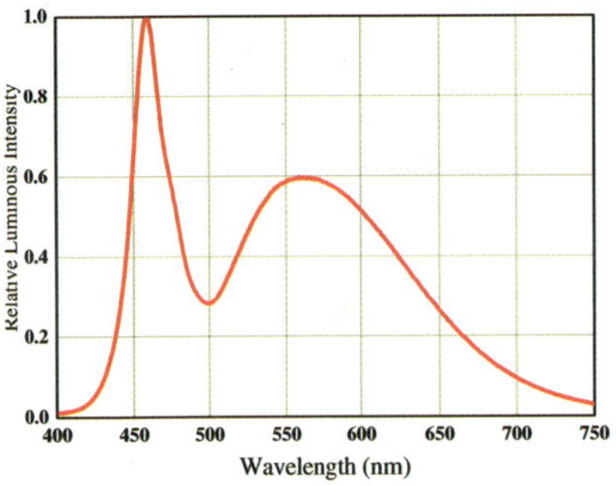

Forward Voltage vs Forward current
$T_{Ambient}$=25ºC

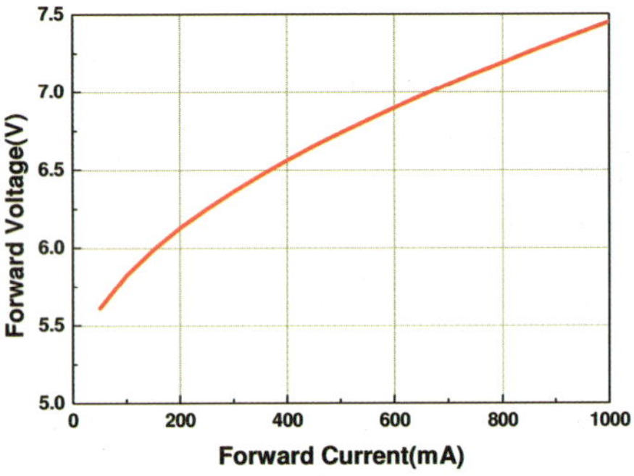

Relative Luminous Intensity vs Forward current
$T_{Ambient}$=25ºC

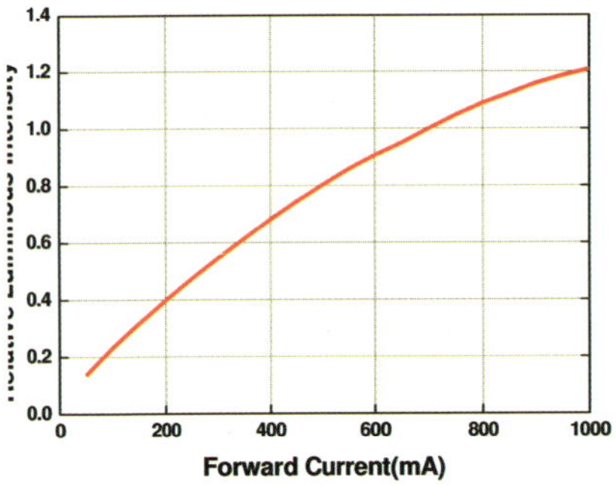

Forward Current Derating Curve,
Derating based on T_{JMAX}=125°C

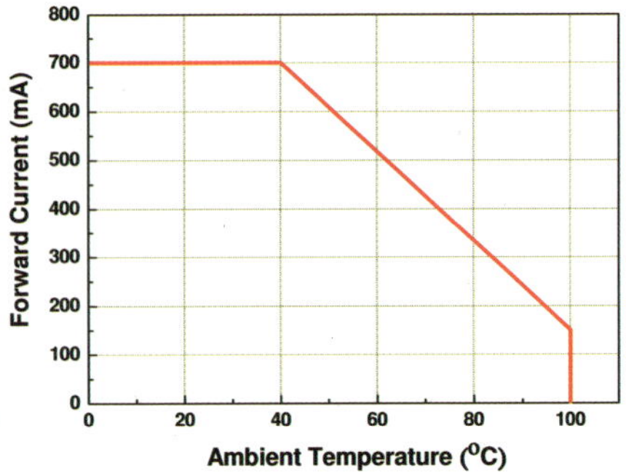

EVERLIGHT ELECTRONICS CO.,LTD.

EHP-B03LS-DA/UT04-P05

Typical Representative Spatial Radiation Pattern

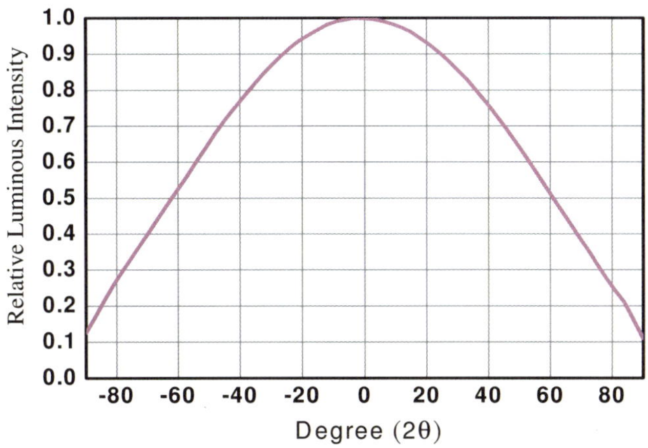

EVERLIGHT ELECTRONICS CO.,LTD.

EHP-B03LS-DA/UT04-P05

Label explanation

CPN: Customer's Production Number

P/N : Production Number

QTY: Packing Quantity

CAT: Ranks

HUE: Peak Wavelength

REF: Reference

LOT No: Lot Number

MADE IN TAIWAN: Production Place

Carrier Tray Specifications

1. Loaded quantity 50 PCS per tray

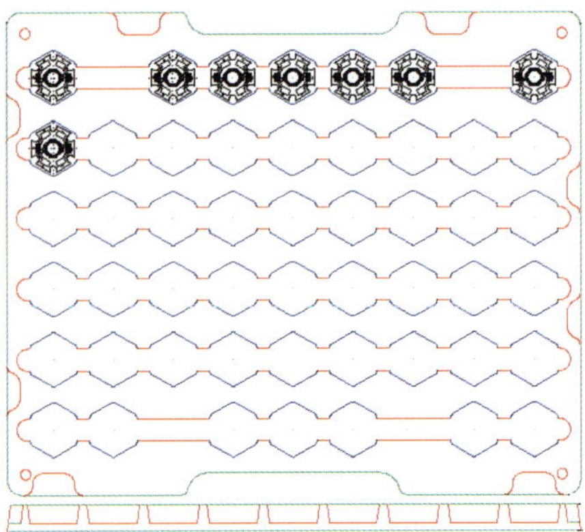

EVERLIGHT ELECTRONICS CO.,LTD.

EHP-B03LS-DA/UT04-P05

Reliability Test Items and Results

Stress Test	Stress Condition	Stress Duration
Solderability	Tsol=230℃, 5sec	1 times
Reflow	Tsol=260℃, 10sec, 6min	3 times
Thermal Shock	H : +110℃ 20min. '∫ 20sec. 'L : −40℃ 20min.	500 Cycles
Temperature Cycle	H : +100℃ 30min. '∫ 5min. 'L : − 40℃ 30min.	1000 Cycles
High Temperature/Humidity Reverse Bias	Ta=85℃ , RH=85%	1000hours
High Temperature Operation Life #1	Ta=25℃, IF=700mA	1000hours
High Temperature Operation Life #2	Ta=55℃, IF=500mA	1000hours
High Temperature Storage	Ta= 110℃	1000hours
Low Temperature Storage	Ta= -40℃	1000hours
Low Temperature Operation Life	Ta= -40℃, IF=700mA	1000hours
Power Temperature Cycle	H : +85℃ 15min. '∫ 5min. 'L : − 40℃ 15min. IF= 225mA, 2min on/off	500cycles
Intermittent operational Life	Ta=25℃, IF=1000mA 30mS on/ 2500mS off	1000hours
ESD Human Body Model	2000V, Interval:0.5sec	3 times
ESD Machine Model	200V, Interval:0.5sec	3 times

'lm: BRIGHTNESS ATTENUATE DIFFERENCE(1000hrs)＜50%

'VF: FORWARD VOLTAGE DIFFERENCE＜20%

EVERLIGHT ELECTRONICS CO.,LTD.

EHP-B03LS-DA/UT04-P05

2. LED with heatsink

Test Item	Condition	Device Hours/cycle
Mechanical Shock	1500 Gm/s2,0.5m/s Pulse,each direction	5 times
Vibration Variable Frequency-1	10~2000~10Hz,Sin frequency,20G 1min,	3 times
Vibration Variable Frequency-2	6G RMS,10~2000Hz each direction	10 min
Termination Strength	1N kgw 30ses	1 times
Corrosion Salt atmosphere	Ta=35℃ ,48HRS	1 times

Notes:

1. Im: BRIGHTNESS ATTENUATE DIFFERENCE(1000hrs)＜50%

2. VF: FORWARD VOLTAGE DIFFERENCE＜20%

EHP-B03LS-DA/UT04-P05

Precautions For Use

EVERLIGHT **EVERLIGHT ELECTRONICS CO.,LTD.**

1. Over-current-proof

Though EHP-B03-DA series has conducted ESD protection mechanism, customer must not use the device in reverse and should apply resistors for extra protection. Otherwise slight voltage shift may cause enormous current change and burn out failure would happen.

2. Storage

2.1 The LEDs should be used within a year.

2.2 Storage should be kept at 30℃ or less and 70%RH or less, including opening the package.

2.3 The LEDs should be used within 168 hours (7 days) after opening the package.

2.4 If the moisture absorbent material (silicone gel) has faded away or the LEDs have exceeded the storage time, baking treatment should be performed using the following conditions.

2.5 Pre-curing treatment : 60±5℃ for 24 hours.

3. Thermal Management

3.1 For maintaining the high flux output and achieving reliability, EHP-B03LS-DA series uses a Diamond Like Carbon Metal Core Printed Circuit Board (DLC MCPCB) with proper thermal connection to dissipate approximately 5W of thermal energy under 1000mA operation.

3.2 Special thermal designs are **"MUST"** to take in outer adding heat sink design with thermal conductive adhesive, etc.

3.3 Sufficient thermal management must be conducted, or the die junction temperature will be over the limit under large electronic driving and LED lifetime will decrease critically.

4. Soldering Iron

4.1 It is recommended to hand solder the leads with a solder tip temperature of 260℃ for less than 3 seconds within once in less than the soldering iron capacity 25W. Leave two seconds and more intervals, and do soldering of each terminal.

4.2 Be careful, because the damage of the product is often started at the time of the hand solder.

16 Quellennachweis

1. WITTE Schülerlexikon, 8. Auflage 1973, Verlag Hans Witte GmbH
2. www.thinkgeek.com/homeoffice/lights/9380
3. http://www.globalscaling.de/
4. http://de.wikipedia.org/wiki/Chinesisches_Schattentheater
5. Horst Kuchling: Taschenbuch der Physik, 16. Auflage, Fachbuchverlag Leipzig, 1996, Carl Hanser Verlag München Wien, ISBN: 3-446-18692-1
6. Wilhelm Benz, Peter Heinks, Lothar Starke: Tabellenbuch Elektronik für Industrie-Elektroniker und Kommunikationselektroniker. 7. Auflage 1993, Kohl + Noltemeyer & Co. Verlag GmbH, ISBN: 3-88173-059-1
7. http://de.wikipedia.org/wiki/Leuchtdiode
8. http://leifi.physik.uni-muenchen.de/web_ph10/versuche/15led/led_anwend.htm
9. Pusch GmbH & Co. KG, Bereich: Baumarktprodukte, Bachstraße 6, 56242 Marienrachdorf, Tel: 02626 92569-0, Fax: 02626 92569-29, E-Mail: info@x-block.com, Internet: www.x-block.com oder http://x-block.pusch-polymer.de/t3/x-block/
10. Conrad Electronic SE, Klaus-Conrad-Straße 2, 92530 Wernberg-Köblitz, Internet: www.conrad.de
11. Pollin Electronic GmbH, Max-Pollin-Straße 1, 85104 Pförring, Tel.: 08403 920-920, Fax: 08403 920-123, E-Mail: service@pollin.de, Internet: www.pollin.de

17 Stichwortverzeichnis

A

B

C

D

E

F

G

H

I

K

L

M

N

O

P

R

S

T

U

V

W

X

Z

Leuchtdioden kurz LED genannt, werden als die neueste Technologie in der Beleuchtungstechnik angesehen. Die Technik wurde die letzten Jahre kontinuierlich ausgebaut. Die Lichtausbeuten wurden erheblich verbessert und es können ohne Filter kräftigste Farben erzeugt werden. Die LEDs haben sich schnell zu einer der innovativsten und hochklassigsten Beleuchtungslösungen entwickelt, die in der Welt des Lichts eingesetzt werden können. Aufregende und faszinierende Lichteffekte sind nun möglich, die früher undenkbar waren oder nur mühsam mit herkömmlichen Technologien erzeugt werden konnten. Neben dem notwendigen Grundlagenwissen werden zahlreiche LED-Lichtideen zum selbst planen und installieren gezeigt.

LED-Beleuchtungen im Haus selbst planen und installieren

Bo Hanus; 2008; 128 Seiten

ISBN 978-3-7723-**4055-0** **€ 14,95**

Besuchen Sie uns im Internet – www.franzis.de